LA
CULTURE

SELON LA SCIENCE

Échos du Champ d'expériences de Vincennes

PAR

HENRI BLOUDEAU

PARIS

G. MASSON, ÉDITEUR

LIBRAIRE DE L'ACADÉMIE DE MÉDECINE

120, BOULEVARD SAINT-GERMAIN, 120

1884

LA CULTURE

SELON LA SCIENCE

PARIS

TYPOGRAPHIE GEORGES CHAMEROT

19, rue des Saints-Pères, 19

LA
CULTURE

SELON LA SCIENCE

Échos du Champ d'expériences de Vincennes

PAR

HENRI BLOUDEAU

PARIS

G. MASSON, ÉDITEUR

LIBRAIRE DE L'ACADÉMIE DE MÉDECINE

120, BOULEVARD SAINT-GERMAIN, 120

1884

PRÉFACE

Ce sera le plus beau fleuron de la couronne scientifique de ce siècle d'avoir tiré l'agriculteur de son ignorance professionnelle, d'en avoir fait un collaborateur conscient de la nature, digne de la prépondérance de son rôle, et travaillant avec certitude pour son profit et pour la richesse de son pays.

Le principe de cette grande transformation appartient au champ d'expériences de Vincennes.

C'est de cette École pratique de culture, dirigée par M. Georges Ville, fondateur de la doctrine des engrais chimiques, que rayonne sur la France, et sur l'étranger, qui en est jaloux, la science agricole nouvelle, positive, admirable, qui vient relever l'homme de sa lourde tâche de produire péniblement la matière nourrissante.

Le champ d'expériences de Vincennes nous

montre la végétation conquise, les matériaux
qu'elle met en œuvre, les forces qui lui commandent, et nous comprenons tout de suite qu'il
dépend de nous de réagir sur ces forces, de les
diriger à notre profit et d'en modifier les résultats
suivant nos goûts et nos besoins.

Mon premier voyage à cette École fut mon
chemin de Damas. Je n'avais jamais cru que des
connaissances d'un tel ordre fussent accessibles
à l'homme.

La vérité m'apparut là, tout entière, sous ces
deux formes convaincantes : le professeur qui af-
firme et la culture qui confirme.

J'ai contrôlé ces enseignements par mes propres travaux : les résultats ont toujours corroboré
les indications du maître.

Alors, pénétré de ces données nouvelles et de
l'urgence de les répandre parmi nos concitoyens,
j'ai résolu d'y travailler dans toute la mesure de
mes forces.

De là une propagation appréciée qui porte déjà
de bons fruits. De là aussi ce petit livre.

Il n'est pas toujours commode d'être utile aux
autres en combattant leurs préjugés, et l'homme
des champs ne manque pas de prétextes pour
résister aux avances du progrès.

Le Tasse a dit : « Pour faire accepter aux

hommes certaines vérités salutaires, il faut les entourer d'attributs agréables, comme on emmielle les bords du vase où l'enfant doit boire le remède amer » ; et un philosophe, plus moderne. a pris soin d'ajouter : « Les hommes sont tous de grands enfants. »

C'est pourquoi, disciple indépendant de la forme abstraite qui sied au fondateur, je vais expliquant de mon mieux les lignes magistrales de son grand édifice, et quelquefois, pour le faire aimer du populaire, j'y attache quelques guirlandes.

HENRI BLOUDEAU

Paris, 1883.

LA CULTURE

SELON LA SCIENCE

PREMIÈRE LEÇON

Les végétaux créent la matière vivante.

Deux grands courants se partagent la durée des
êtres vivants : un courant ascendant, ou de formation, et un courant descendant, ou de décomposition.

Il n'y a pas de plateau sur ce chemin figuré, il
franchit une montagne à deux pentes dont le sommet est une arète vive.

A peine y est-on parvenu qu'il faut descendre.

A peine la croissance est-elle terminée que la décrépitude commence.

A peine la vie est-elle partie que la décomposition fait son œuvre.

Deux forces sont en jeu pendant la formation et
une seule force agit pendant la dissolution des êtres.

Pendant la formation, l'affinité chimique et la vie
travaillent de concert.

L'affinité chimique agit sous la direction de la vie
comme un constructeur habile sous l'autorité d'un
architecte impérieux.

1

A elles deux, ces forces édifient un être, végétal, animal ou humain. L'affinité chimique en rassemble et en combine les matériaux : la vie en règle la forme et les caractères spécifiques.

Quand cet être a parcouru le cycle entier de son évolution, qu'il a grandi, qu'il a vécu, qu'il a atteint le but que lui assigne la destinée, son activité s'arrête et la vie l'abandonne.

Alors, l'affinité chimique reste seule en possession de sa substance, et plus ou moins rapidement, elle détruit dans sa liberté ce qu'elle avait construit dans sa dépendance.

Elle décompose, elle désagrège ce qu'elle avait bâti sous la direction de la vie. Molécule à molécule, atome par atome, elle le démolit et elle en rejette les matériaux, inertes et dispersés, dans le tourbillon inorganique, leur première origine.

« Rien ne se crée, rien ne se perd », dit Lavoisier.

En effet, à ce point de vue, ce sont toujours les mêmes éléments qui servent ou qui doivent servir. Les atomes élémentaires ne se perdent pas plus que les activités. Il y a transformation, mais il n'y a pas, il ne peut pas y avoir anéantissement.

La force, la matière, c'est impérissable, c'est éternel !

Mais qui viendra les prendre là, ces éléments tombés du règne de ce qui vit dans le règne de ce qui ne vit plus ou qui n'a pas encore vécu ?

Sera-ce l'homme ? Sera-ce l'animal !

Ni l'un ni l'autre, puisque l'animal, puisque l'homme ne peuvent s'assimiler que des éléments vivants, ou du moins ayant vécu, et se trouvant encore engagés dans des combinaisons organiques.

Eh bien, pour l'honneur de la culture et le profit des êtres pourvus d'estomac, c'est ici qu'éclate l'inattendu !

Ce que ni l'homme ni l'animal ne peuvent faire. la plante le fait. C'est une faculté supérieure qui n'appartient qu'à elle.

La plante puise dans le sol, dans l'air et dans l'eau des matériaux inertes. Elle prend dans la terre du calcium, du fer, du magnésium. du chlore, du manganèse, du potassium, du sodium, du soufre, du silicium et du phosphore ; elle prend dans l'eau de l'oxygène et de l'hydrogène ; elle prend dans l'air de l'azote et du carbone, elle absorbe ces quatorze corps simples, elle les fait passer du domaine de l'inertie dans le domaine de l'activité, du règne des morts dans le règne des vivants, elles les élabore, les combine; les transforme ; elle en constitue son être et ses propriétés.

Puis l'homme vient, qui se nourrit de cette plante ou de parties de cette plante ; il s'en assimile la substance, et, suivant ses aptitudes supérieures, il en forme sa chair. son sang, ses os et son organe cérébral, cette matière qui sert à penser.

Le cerveau de l'homme ! C'est le plus haut point de puissance et de dignité où puisse atteindre la matière organisée.

Le végétal est le premier outil qui sert à généraliser l'existence dans les êtres animés.

Tout ce qui nourrit l'homme vient de la plante. La viande même n'échappe pas à cette règle, car elle est le résultat concentré des végétaux dont les animaux se sont nourris.

Les végétaux sont les créateurs de la matière nourrissante. les animaux en sont les concentrateurs, et l'homme en est le destructeur final.

Ainsi, tout s'éclaire, tout s'harmonise. Depuis l'humble brin d'herbe jusqu'à l'homme dans la plénitude de ses facultés, pas un chaînon ne manque.

L'édifice organique, issu du minéral, se révèle et se généralise par le végétal, se concentre et s'affine par l'animal, et se couronne par l'homme qui, lui-même, confine aux merveilles de l'infini par les productions de son génie et son incoercible pensée.

Sur les soixante et quelques corps simples qui, à notre connaissance actuelle. composent la matière dont l'univers est fait, la vie en anime un groupe de quatorze, toujours les mêmes, qui passent du cristal minéral à la cellule organique, suivent une progression ascendante depuis le végétal jusqu'à l'homme, puis meurent pour vivre de nouveau. selon les lois d'une Sagesse infinie qui, du haut des splendeurs éthérées, plane amoureusement sur toute la nature et dont nous ne percevons encore les attributs suprêmes que par intuition.

Dans cette migration des éléments d'un règne à l'autre, c'est la plante qui ouvre la rotation.

Composition des végétaux.

Quatorze éléments constituent invariablement tous les végétaux, et l'on pourrait dire, tous les êtres vivants.

Quatre organiques :

Azote	Az	14
Hydrogène	H	1
Oxygène	O	8
Carbone	C	6

On les appelle organiques parce qu'on ne les trouve combinés qu'au sein des tissus organisés.

Dix minéraux :

Phosphore	Ph	31
Potassium	K	39,14
Calcium	Ca	20
Soufre	S	16
Sodium	Na	23
Chlore	Cl	35,05
Fer	Fe	28
Magnésium	Mg	12,05
Manganèse	Mn	27,05
Silicium	Si	21,35

On les appelle minéraux parce qu'ils proviennent exclusivement du sol.

Depuis le grand chêne jusqu'au brin d'herbe, depuis le cèdre du Liban jusqu'à l'humble mousse, malgré les apparences les plus diverses et les propriétés les plus différentes, tous les végétaux sont formés des quatorze corps dont nous voyons ci-dessus les noms, les symboles abréviatifs et les équivalents chimiques.

Ils les contiennent toujours tous, et, normalement, n'en contiennent jamais d'autres.

Quand on brûle une plante, la partie qui se dégage dans l'air sous forme de flamme et de fumée contient les quatre corps organiques, la cendre résume les dix minéraux.

C'est l'ordre des éléments qui fait la plante.

La nature substantielle des plantes est invariable. L'arrangement seul des substances qui les composent peut varier.

C'est le mode de combinaison de ces quatorze corps qui différencie les espèces. C'est l'ordre des éléments qui fait la plante. comme, avec les caractères d'imprimerie. c'est l'ordre des lettres qui fait le mot.

De même qu'avec dix chiffres nous pouvons écrire tous les nombres et qu'avec les vingt-cinq lettres de l'alphabet nous pouvons exprimer toutes les langues, la nature. avec ces quatorze substances. compose toute la gamme organique et écrit son grand livre de la végétation universelle.

Plante vénéneuse ou plante alimentaire ; plante inodore, infecte ou parfumée ; herbe, arbuste ou grand arbre, la composition générale ne change pas.

C'est encore l'ordre et les proportions des éléments qui font les principes actifs des plantes.

Exemple :

La caféine, principe actif du café, est alimentaire ; la strychnine, principe actif de la noix vomique, est un poison des plus redoutables, puisque 5 ou 6 centigrammes peuvent donner la mort.

Ces deux substances sont formées des mêmes éléments : carbone, hydrogène. azote et oxygène. Mais voyez la différence des proportions dans leurs symboles chimiques :

Caféine : $C^{16} H^{10} Az^4 O^4$ alimentaire.
Strychnine : $C^{42} H^{22} Az^2 O^4$ poison.

Faut-il ajouter la morphine, principe actif du pavot? Sa formule chimique est :

$$C^{34} H^{19} Az O^6.$$

Le café éveille et stimule, le pavot fait dormir : deux effets opposés produits par des corps identiques, mais différemment combinés.

Ces principes particuliers à certaines plantes ne comprennent que quelques millièmes de leur poids. Ils sont comme enkystés dans des cellules spéciales et ne jouent aucun rôle physiologique dans la vie du végétal.

D'ailleurs, toutes les branches du règne organique nous offrent des exemples analogues.

L'abeille ne contient-elle pas du venin et du miel? Deux substances opposées, formées des mêmes éléments différemment combinés.

Le venin de l'abeille est de l'acide formique concentré : $C^2 HO^3$, le miel est une glucose : $C^{12} H^{12} O^{12}$.

Ces deux sécrétions ne prennent non plus aucune part à la vie circulatoire de l'animal.

Il faut savoir que ces quatorze éléments, communs aux plantes, ne sont pas uniformément distribués dans toutes les parties d'un même végétal.

Ainsi, il y a plus d'azote dans les feuilles que dans la tige. Le phosphore, le magnésium et la potasse prédominent dans les fruits et dans les graines, la chaux et le fer dans les racines, la silice dans la tige et dans les feuilles.

Ils sont en outre sujets à des migrations continuelles dans le corps de la même plante, suivant son état végétatif.

Par exemple, pour le blé ; pendant les premières phases de son développement, tous les éléments sont à peu près également répartis dans ses tissus. mais, de la floraison à la maturité, une séparation considérable s'opère.

La silice se concentre dans la tige. lui donne sa rigidité et son vernis doré. Une partie de la potasse qui a concouru à former l'ensemble du végétal semble même se résorber dans le sol, tandis que l'azote. l'acide phosphorique et la magnésie montent presque en totalité dans le grain.

Ce que contient une gerbe de blé.

Voici, selon M. Georges Ville, l'analyse du froment, paille et grains, pour 100 kil. de poids total :

Carbone	47^k,69		Ces éléments sont
Hydrogène	5, 54	93^k,55	fournis par l'air et par
Oxygène	40, 32		l'eau.

Silice	2, 75		Les terres les plus pauvres sont inépuisables de ces matières. Le cultivateur n'a pas à s'en préoccuper. Jointes aux trois substances précédentes, elles forment 97 pour 100 du poids de la plante qui ne nous coûtent rien.
Acide sulfurique	0, 31		
Magnésie	0, 20		
Soude	0, 09	3^k,38	
Chlore	0, 03		
Oxyde de fer	0, 006		
Manganèse	traces.		

Azote	1, 60		Ce sont ces quatre substances qui agissent dans les engrais, et que nous sommes obligés de fournir au sol pour entretenir la fertilité.
Acide phosphorique	0, 45	3^k,00	
Potasse	0, 66		
Chaux	0, 29		

99^k,936

Formation d'une plante dans un milieu inerte.

Après avoir fait analyse sur analyse et reconnu
que tous les végétaux sont constitués par quatorze
corps, toujours les mêmes, on eut l'idée de procéder par synthèse et de chercher si en réunissant
convenablement ces mêmes corps on pourrait produire des plantes.

Cette opération devait être la preuve de la première
comme l'addition est la preuve de la soustraction.

A cet effet, on composa un sol absolument stérile
avec des matières telles que du sable calciné, de la
brique pilée, du verre pilé.

On lava encore ces substances avec de l'acide chlorhydrique, puis avec de l'eau distillée, pour être bien
sûr qu'elles n'étaient qu'un support inerte, ne pouvant fournir aux plantes aucun élément de fertilité.

Suivez bien le récit de cette expérience que j'ai
répétée cent fois, vous allez assister à la formation
d'une plante et à la conquête de la végétation.

Dans un grand vase en verre transparent percé au
fond comme un pot à fleur, je mets cinq litres de
verre pilé dont la grosseur varie depuis un grain de
millet jusqu'à une fève.

Dans ce milieu absolument stérile, formant un
cadre rigoureusement défini où je puis surveiller la
végétation, je sème un gramme de blé, environ 21
grains, et j'arrose avec de l'eau distillée.

J'arrose d'abord fréquemment pour humecter le
grain enfoui à trois centimètres, et je laisse s'établir

au fond du vase une nappe d'eau d'un centimètre
que je règle avec un petit bouchon qui ferme le trou
du fond.

La plante lève, pousse une tige chétive et misérable de trente centimètres. La récolte sèche pèse
6 grammes.

Il y a le poids de la semence, plus 5 grammes
d'hydrogène, d'oxygène et de carbone. L'hydrogène
et l'oxygène proviennent de l'eau, le carbone provient
de l'acide carbonique de l'air.

Dans un sol semblable, avec un gramme de semence, on ajoute les dix minéraux sans matière
azotée, le blé est un peu meilleur; on obtient 8 grammes de récolte.

Ce résultat semble paradoxal.

Sur 14 corps, la plante en reçoit 13, c'est-à-dire
les 10 minéraux qu'on lui donne, puis le carbone,
l'hydrogène et l'oxygène, qui viennent de l'air et de
l'eau : 13 corps sur 14, et la fertilité n'est pas établie !

Enfin, à un gramme de semence dans un milieu
inerte, on donne la matière azotée toute seule : le
résultat vaut un peu mieux qu'avec les dix minéraux.
L'aspect de la plante change, les feuilles sont plus
vertes, mais c'est en vain qu'on attend la continua-
tion du phénomène. Le développement s'arrête, on
obtient 9 grammes de récolte.

Il ne reste plus qu'une tentative; si elle échoue, le
problème est insoluble ; tout est perdu, même l'honneur et aussi le bonheur qui dériveraient du succès :
c'est de donner ensemble à la plante la matière
azotée et les dix minéraux.

Par cette association, il y a transformation magique, immédiate. Le blé devient magnifique; il forme au-dessus du sol une touffe énorme, haute, vigou-reuse, et d'un vert foncé, tandis que, dans le vase même, on voit à travers les parois transparentes les racines serpenter comme des filets d'argent au milieu des grains de cristal. La récolte atteint 25 grammes.

Ainsi, avec ces 14 éléments, une graine et un em-bryon, on peut pour ainsi dire fabriquer une plante de toutes pièces, comme on fabrique un morceau de savon.

M. George Ville, promoteur de ces immenses tra-vaux, opérait dans le sable calciné.

En expérimentant de même dans divers milieux inertes, j'ai toujours obtenu des résultats identiques.

Si je vous disais : La lionne porte de 118 à 120 jours, et le lion est le seul de tous les félins qui voie clair en venant au monde, j'exprimerais une vérité zoolo-gique. Mais on pourrait me demander : comment le sait-on ?

On le sait parce qu'on a étudié les lions.

Parce que des hommes hardis et dévoués pour la science ont pénétré dans l'intimité de leurs mœurs et ont observé leurs aptitudes.

Et ce n'est pas sans danger qu'on observe de près la vie privée de ces grands fauves !

Eh bien, il était cent fois plus aisé d'approfondir les mœurs du lion, du tigre et de la panthère que de pénétrer les lois qui régissent la production d'un innocent végétal.

Des hommes éminents ont blanchi sur ces recher-ches, y ont consumé leur vie et leur génie sans pou-voir atteindre le but.

Il a fallu plus de quinze années au célèbre Direc-
teur du champ d'expériences de Vincennes pour
découvrir ces vérités capitales que je vous révèle en
quelques minutes.

En procédant par synthèse, on trouve l'affirmation
directe des besoins des végétaux; on s'appuie sur
une base inattaquable, on remonte de l'effet à la
cause, et l'on assoit la théorie sur l'expérience.

La culture dans un milieu inerte fut la conquête
de la végétation active. L'origine et les causes de la
fertilité étaient découvertes.

La science agricole voyait poindre l'aurore de son
premier soleil.

Culture dans la terre naturelle.

C'était peu, cependant; on ne pouvait pas s'arrê-
ter là.

Ce n'était encore qu'une curiosité de laboratoire,
une pure théorie.

L'expérience a été faite en petit dans un milieu
dont on est le maitre, sans perturbations du dehors,
en s'entourant de toutes les précautions imagi-
nables.

Il s'agit maintenant de porter l'expérience en
plein champ, dans la terre ordinaire, à la merci du
temps; que va-t-il arriver?

Il arriva ce qui arriverait si, étant parvenu à élever
des pigeons sous une cloche de verre en leur fournissant l'air, les aliments et toutes les conditions de
l'existence, on essayait d'en élever en liberté : une
simplification considérable de soins et de nourriture.

Au lieu de quatorze éléments qu'il faut donner aux plantes pour les nourrir dans le sable calciné ou le verre pilé, on n'a plus à en fournir que quatre dans la terre naturelle.

Les autres ne sont pas moins indispensables, mais les plantes les trouvent toujours en surabondance dans l'air, dans l'eau de la pluie et dans le sol, si pauvre qu'il soit.

Ces quatre substances que nous sommes obligés d'assurer aux végétaux, parce que le sol n'en est pourvu qu'en proportions limitées, sont : l'azote, l'acide phosphorique, la potasse et la chaux.

Ces quatre corps, réunis dans les conditions que nous allons définir, constituent l'engrais complet, avec lequel on peut élever le rendement en blé, qui est en moyenne de 14 hectolitres à l'hectare jusqu'à 40 hectolitres.

En poussant les choses à l'extrême, on a même dépassé 60 hectolitres de froment à l'hectare.

Composés transitoires.

Avant d'être admis à l'état de tissus parfaits, les éléments que la plante puise dans le sol, dans l'air et dans l'eau forment d'abord des composés plus simples par lesquels la constitution définitive semble préluder.

La nature est toujours progressive dans ses œuvres. Elle procède du simple au composé, du plasma chaotique au tissu fini et parfait.

Ces produits transitoires n'appartiennent déjà plus à la nature inorganique, mais ne sont pas encore revêtus des caractères propres aux corps organisés.

Ils sont comme le pont jeté entre le règne minéral et le règne végétal. Ils attendent au seuil de la vie.

On les divise en deux séries : les hydrates de carbone et les albuminoïdes :

Hydrates de carbone.	Albuminoïdes.
Sucre.	Albumine.
Amidon ou fécule.	Caséine.
Cellulose.	Fibrine.

Les hydrates de carbone, comme leur nom l'indique, sont composés d'hydrogène et d'oxygène dans les proportions voulues pour former de l'eau (HO) en combinaison avec le carbone (C). En dernière analyse, c'est de l'eau et du charbon.

Malgré leur disparité apparente, l'amidon, le sucre, la gomme, la cellulose des plantes herbacées et du bois sont formés des mêmes éléments diversement agrégés. Ils peuvent se transformer de l'un en l'autre, aux différentes périodes de la vie végétale, par suite de modifications dans l'arrangement de leurs molécules.

Lorsqu'une graine germe, l'amidon ($C^{12} H^{10} O^{10}$) s'adjoint deux molécules d'eau et se convertit en glucose ($C^{12} H^{12} O^{12}$) qui perd ensuite ses deux molécules d'eau pour former la cellulose ($C^{12} H^{10} O^{10}$) qui constitue la trame des tissus de la jeune plante.

Quand le blé mûrit, le sucre, ou glucose contenu dans la tige et les feuilles, monte dans l'épi pour constituer de nouveau l'amidon du grain.

De sorte que la cellulose du bois, la fibre des plantes herbacées, du coton, du chanvre, du lin, la fécule, l'amidon, sont isomères du sucre, peuvent être convertis en sucre industriellement, et par suite en alcool.

Les albuminoïdes sont d'un degré plus avancés vers l'organisation finale.

Ils contiennent les mêmes éléments que les hydrates de carbone, plus de l'azote et un peu de soufre. C'est ce qu'on appelle la matière protéique. Ils sont également susceptibles de se transformer de l'un en l'autre au sein des êtres vivants.

L'albumine contenue dans le blé vert monte aussi dans l'épi au moment de la maturation pour constituer le gluten du grain, qui est azoté et qu'on a appelé avec raison : viande végétale.

Les hydrates de carbone forment pour notre nourriture les aliments respiratoires, c'est-à-dire chargés de fournir le charbon que nous brûlons dans notre organisme, au contact de l'oxygène que contient l'air respiré.

Les albuminoïdes constituent les aliments plastiques, réparateurs de nos tissus, au fur et à mesure qu'ils s'usent par l'exercice de la vie.

Nous retrouverons ces composés quand nous traiterons de la production de la viande, car la ration d'un homme ou d'un animal, pour être complète, doit contenir un représentant de ces deux séries, plus de la matière grasse et des sels.

L'être animé défait dans son estomac ce que la plante a fait, il s'assimile les éléments qu'elle a combinés, et régénère sous forme de chaleur et d'acti-

vité animale l'équivalent des radiations solaires qui
ont déterminé la combinaison.

L'azote et le carbone organisés par les végétaux
sont les agents principaux de la nutrition animale.

La culture crée, l'industrie transforme.

L'agriculture ne saurait être assimilée à l'industrie. On a essayé de le faire, on s'est trompé.

La culture est une entreprise spéciale dont les
moyens de production sont uniques et de l'ordre le
plus élevé.

L'agriculture crée les matières vivantes, l'industrie
les transforme et leur donne une plus-value en les
appropriant à nos besoins.

Dans l'opération industrielle il se produit des déchets. Jamais une usine ne rend en marchandise
vénale la somme de matière première qu'elle a reçue.

Dans la culture, au contraire, le rendement multiplie la matière avancée.

Lorsque, sous forme de travail mécanique, vous
donnez à la terre 1, la nature ajoute 444. Le terme
1 est invariable; il représente les labours, les her-
sages, les binages, enfin la façon du sol, conven a
blement exécutée pendant le cours de l'année, et la
récolte multiplie gratuitement cet effort 444 fois !

Ce n'est rien. Poursuivons.

Lorsque, sous forme d'engrais chimiques appliqués suivant les enseignements de la science, vous
donnez à la terre 1, la nature ajoute 10; si vous
donnez 10, la nature ajoute 100; si vous donnez 100,
la nature ajoute 1,000.

Or, je vous le demande, quelle est l'industrie capable de multiplier ainsi le résultat de nos efforts?

Dans l'industrie, c'est l'ouvrier qui fait la marchandise. C'est lui qui détermine le profit.

Si un cordonnier fait une paire de chaussures de plus par semaine, il en a le bénéfice.

La culture n'a rien de comparable.

Ce n'est pas l'agriculteur ni sa charrue qui fait la récolte, pas plus que le sécateur du jardinier ne fait le fruit de l'arbre.

La culture est un art de direction et non de fabrication.

L'effort matériel est quelque chose, mais c'est l'effort intellectuel qui joue le rôle principal.

De la somme d'éléments que les plantes organisent, 93 p. 100 viennent de l'air et de la pluie : carbone 48 p. 100, oxygène 40 p. 100, et hydrogène 5 p. 100. La nature vous livre plus que vous ne lui demandez. Sur 14 éléments, elle en fournit 10, à la condition, pour vous, d'en assurer à la terre 4 que l'air et l'eau ne contiennent pas.

En France, la culture organise, chaque année, 3,760,000 tonnes d'azote qui, à 3,000 francs la tonne, valent 11 milliards 280 millions de francs.

Elle puise dans l'atmosphère 60 millions de tonnes de carbone, à 50 francs la tonne, valant 3 milliards.

Le carbone et l'azote, qui sont les éléments principaux de la nutrition de l'homme et des animaux, forment, rien qu'en France, chaque année, un poids de 63,750,000,000 de kilogrammes, valant 14 milliards 280 millions de francs, dont il faut défalquer environ 4 milliards pour le travail de la terre et les engrais.

Il reste 10 milliards 280 millions que la nature verse gratuitement dans notre poche, par an, à la condition de donner au sol les éléments complémentaires que la science nous indique.

Il faut bien qu'il en soit ainsi.

Sans cela comment pourrait-on dire que l'agriculture fait le bien-être des peuples et la richesse des nations ?

Le soleil est le grand artisan.

Vous voyez qu'à mesure que j'avance, l'horizon s'étend. Et à mesure qu'il s'étend, tâchons d'éclairer tout ce qu'il renferme.

Dans les végétaux, quatorze corps sont toujours associés.

La nature ne se montre généreuse qu'à la condition, pour nous, de connaitre la loi qui régit cette association.

Je répète que la main de l'homme ne fait pas seule la récolte.

C'est le soleil qui fait la récolte.

C'est la nature qui fournit la force vive et qui travaille sous notre direction.

L'homme, ayant donné à la terre l'appoint qu'il doit lui donner, son rôle est fini. Les 14 corps qui constituent les végétaux vont entrer en fonction.

Ces corps, qui sont en dehors de ce qui sent, de ce qui vit, de ce qui pense, vont entrer dans le courant de ce qui pense, de ce qui sent, de ce qui vit.

La formation des végétaux présuppose une activité spéciale que nous pouvons saisir et énoncer.

On croyait autrefois que la chaleur, la lumière,
le mouvement mécanique, l'électricité, les combinaisons chimiques étaient dues à des forces spéciales ayant une cause différente.

On se trompait.

Aucun acte ne s'accomplit, aucune combinaison
ne s'opère sans l'intervention d'une force, mais toutes ces manifestations ne sont que des formes, va-
riables à volonté, d'une seule et même activité qui a
pour origine le soleil.

Un wagon de houille contient à l'état latent, la
force sous toutes ses formes, pouvant se changer de
l'une en l'autre.

Or, la houille représente l'activité solaire emmagasinée sous forme de carbone et d'hydrogène dans
les végétaux des premiers âges fossilisés sous la
croûte bouleversée du globe.

Le soleil est la source unique des forces vives qui
déterminent la formation des végétaux.

Nous allons évaluer ces forces vives en les rapportant à une unité de mesure qui nous est familière :
le cheval-vapeur.

·Les forces vives que le soleil déverse annuellement en France, par hectare, sont évaluées à
2 millions de chevaux-vapeur. La culture en utilise 8,000.

Sur 2 millions que le soleil nous livre, nous lais-
sons perdre 1,992,000 chevaux-vapeur que la culture actuelle est impuissante à utiliser.

On s'occupe, au champ de Vincennes, des moyens

de mettre à profit cette force perdue, en pratiquant la culture *par sidération* ou culture conjuguée de plantes différentes, qui peuvent venir simultanément dans le même sol sans se nuire.

Chlorophylle et carbone.

A peine les feuilles sont-elles nées que sous l'influence de la lumière elles se remplissent de granulations vertes, en nombre indéfini, qui flottent librement dans des cellules placées sous l'épiderme transparent.

C'est la multitude et la finesse de ces granulations qui nous font paraître les feuilles d'un vert uniforme. Cette matière verte, c'est la chlorophylle.

Elle est composée de carbone, d'hydrogène d'oxygène et d'azote. Sa formule chimique s'écrit : $C^{26} H^{17} Az O^4$.

Elle peut se dédoubler en deux substances ; l'une grasse, jaune, nommée phylloxanthine, qui a pour formule $C^6 H^7 O$; l'autre bleue, acide, nommée cyanophylle, dont la formule est : $C^{18} H^{10} Az O^3$.

La réunion normale de ces deux couleurs jaune et bleue produit la couleur intermédiaire du spectre, qui est verte.

Quand les feuilles jaunissent, c'est que la matière bleue disparaît la première par suite de la résorption de l'azote, tandis que la matière jaune persiste encore.

Cette chlorophylle est le siège des phénomènes les plus importants. Elle jouit de la propriété remarquable d'absorber les radiations calorifiques et lumineuses du soleil, de les éteindre et de les transformer en activité chimique, dont la première manifestation est la décomposition de l'acide carbonique et l'assimilation du carbone aux éléments de l'eau de végétation.

Les feuilles sont parsemées, en dessus. d'un petit nombre, et en dessous. de myriades de bouches microscopiques, en forme de boutonnières, à demi ouvertes à travers l'épiderme et qu'on appelle stomates.

Le dessous des feuilles en présente au moins une centaine par millimètre carré.

L'oxygène, l'azote et l'acide carbonique de l'air entrent de compagnie par ces ouvertures et pénètrent dans les chambres aériennes pratiquées dans l'épaisseur de la feuille, entre les cellules à chlorophylle.

Il se fait dans ces cavités un travail de digestion gazeuse. Le carbone est absorbé en totalité, tandis que l'oxygène, une partie de l'azote et de la vapeur d'eau font retour à l'atmosphère.

Ces radiations solaires que la plante a transformées, ce n'est plus de la lumière, ce n'est plus de la chaleur, c'est de l'activité chimique.

Cela n'éclaire plus, cela ne chauffe plus, cela crée des tissus vivants! La force a changé de forme, les résultats s'équivalent.

Il semblerait qu'une influence maudite avait pris soin, jusqu'ici, de nous cacher la vérité sur les lois qui commandent à la formation des plantes.

Cette vérité, nous allons la faire briller, mais dans l'absolu, en nous dégageant des aléas qui, par répercussion, peuvent influencer les résultats pratiques.

Placez une chaudière à vapeur au soleil; entou-rez-la de miroirs ardents qui réfléchissent sur elle les radiations de l'astre, comme dans le moteur solaire aujourd'hui en usage, l'eau entrera en ébullition, la pression de la vapeur montera, l'appareil se mettra en mouvement et traduira l'activité solaire par de l'activité mécanique.

La machine est ici un récepteur et la vapeur un intermédiaire à l'aide desquels la force vive du soleil s'est transformée.

Considérez des plantes dont les feuilles offrent la même surface que les miroirs, la même somme de chaleur viendra les frapper. La plante, par l'intermé-diaire du grain de chlorophylle, absorbe les radia-tions solaires, elle les éteint, elle les transforme en activité chimique, et, grâce à cette activité, l'a-cide carbonique de l'air est décomposé, le carbone assimilé, les minéraux du sol sont incorporés et combinés, et toutes ces substances passent, par des gradations successives, à la vie et à la sensibilité.

Un hectare de forêt produit, par an, 3,734 kilos de bois contenant 1.854 kilos de carbone.

Un hectare de blé fournit 5,000 kilos de carbone pour 10,000 kilos de récolte.

La luzerne, avec un rendement de 8,804 kilos, contient 4,225 kilos de carbone.

Le carbone est toujours fixé en raison de la super-ficie totale des feuilles.

Un hectare de topinambours en fixe 7,993 kilos et déploie 71,205 mètres carrés de feuilles.

Les feuilles d'un hectare de betteraves occupent

24,960 mètres carrés et soutirent à l'air 1,940 kilos de carbone. .

Les feuilles minces, à surface égale, fixent davantage de carbone que les feuilles grasses.

	Par mètre carré.
Ainsi, tandis que les betteraves en absorbent	72 grammes.
Les pommes de terre en absorbent	83 —
Le blé.	112 —
Les topinambours	112 —

Le froment, pour 4,208 kilos, paille et grain, contient 2,003 kilos de carbone, et ses feuilles occupent une surface de 17,745 mètres carrés.

L'air contient un demi-millième d'acide carbonique, les plantes en absorbent environ la moitié pour s'assimiler le carbone.

En France, la végétation fixe annuellement 60 millions de tonnes de carbone, dont une portion, consommée par l'homme et les animaux, donne un résultat valant de 8 à 10 milliards.

On peut juger, par ces notions, de la quantité de ce corps que les continents cultivés livrent annuellement à l'humanité.

C'est donc une substance bien précieuse que le carbone?

Quand il est pur et cristallisé, c'est le diamant; c'est un joyau, dont nos gracieuses compagnes aiment tant à se parer.

Et elles ont raison, car le carbone, sous forme de diamant est le corps le plus dur, le plus brillant et le plus inaltérable.

Quand il est amorphe, c'est le charbon qui, en

brûlant, régénère l'activité solaire qu'il a emmagasinée pour sa formation. C'est une des formes tangi-
bles de la force universelle.

Victor Hugo a dit quelque part : « Dieu nous a
donné le chat pour permettre à l'homme de cares-
ser le tigre. »

Nous pouvons dire, dans le même esprit, que le
carbone nous a été donné pour nous permettre de
palper le soleil.

On ne peut traiter ces grandes questions sans
être entraîné hors du cadre purement agricole par
la philosophie qui s'en dégage.

Ce qui frappe d'admiration, c'est qu'une simple
feuille soit l'intermédiaire choisi par la nature pour
séparer le carbone de son compagnon tenace, l'oxygène, unis avec une telle affinité que du choc de
leur rapprochement résulte la fusion des métaux,
et qu'elle jouisse encore de cette faculté surhu-
maine, de combiner ce carbone pur et gazeux avec
l'eau du végétal pour coopérer à sa constitution.

Quoi ! cette locomotive qui dévore l'espace, em-
portant avec elle des êtres chers, des valeurs précieuses et des montagnes de matériaux pesants ; ce
grand navire à vapeur qui sillonne l'Océan, s'enfonce dans la tempête, la domine et la dépasse !
toute cette grande puissance résulte de l'énergie
avec laquelle du carbone se combine à de l'oxygène, et la plus tendre des feuilles vertes, un
frêle tissu végétal, une dentelle vivante a le pouvoir
d'arracher ces deux corps l'un à l'autre, de chasser
l'oxygène et de garder par devers elle le carbone
qui pourra brûler de nouveau !

Le carbone réuni à l'oxygène à l'état d'àcide carbonique est une puissance éteinte.

C'est un ressort qui s'est détendu en déployant un effort immense. mais qu'aucune force humaine ne saurait remonter.

Un brin d'herbe le retend !

Relève-toi, paysan !

Encore un petit effort d'attention, et ce qui peut rester caché du caractère transcendant de la production végétale va vous paraître enfin lumineusement éclairé.

Quand on brûle une gerbe de blé, la chaleur qui s'en dégage peut être évaluée en force mécanique. Elle est proportionnée à la quantité de carbone qui brûle et que la végétation a fixée.

On peut donc se rendre compte de la somme de forces vives que représente une récolte sous forme de puissance dynamique.

La récolte en blé, d'un hectare, peut être estimée, en moyenne, à 10,000 kilos, paille et grains, contenant 5,000 kilos de carbone.

Un kilogramme de carbone, en brûlant, produit 8,000 calories, ou unités de chaleur.

Une calorie représente la chaleur nécessaire pour élever d'un degré centigrade la température d'un kilogramme d'eau.

D'un autre côté un kilogrammètre est l'unité de force représentée par l'action d'élever un kilogramme à un mètre de hauteur par seconde.

Un cheval-vapeur équivaut à 75 kilogrammètres : une calorie vaut 424 kilogrammètres.

Or les 8,000 calories valent 3,392,000 kilogrammètres, ou une journée et demie de cheval-vapeur, la journée étant calculée de 8 heures.

Donc, les 5,000 kilos de carbone contenus dans la récolte d'un hectare de froment représentent, en valeur mécanique, le chiffre exact de 7.500 journées de cheval-vapeur.

Suivons les conséquences de ces notions.

L'assimilation du carbone par les végétaux exige pour s'accomplir une somme d'activité absolument égale à celle qui résulte de sa combustion.

Le végétal, en brûlant, ne fait que rendre violemment la chaleur et la lumière qu'il a reçues lentement du soleil.

De sorte que chaque kilogramme de carbone, pour se fixer dans les plantes, reçoit du soleil 8,000 calories, et que la récolte d'un hectare exige pour se former une somme de radiations solaires équivalant à 7,500 chevaux-vapeur.

La préparation annuelle d'un hectare exige, en force mécanique, tant de l'homme que des animaux, 15 journées seulement de cheval-vapeur. La production végétale en consomme 7,500. C'est la nature qui fournit le complément.

Le cultivateur est comme le capitaine sur un navire ; il ne fait pas la force, il la dirige. S'il est habile, le succès lui sourit ; s'il fait une fausse manœuvre, les forces qui le servaient se retournent contre lui.

Une journée de cheval-vapeur vaut 8 journées

d'homme, par conséquent la force vive nécessaire
à la production d'un hectare vaut au moins 56,000
journées humaines.

Dix hectares : 560,000 journées d'homme ou
70,000 chevaux-vapeur!

Sous une forme latente, inostensible. pour réali-
ser sa récolte, l'homme reçoit l'intervention de
forces formidables.

Lui, l'infiniment petit. enveloppé dans l'immen-
sité de cette puissance, sa fonction n'est pas de
produire, mais de gouverner.

Il peut commander à ces forces comme à d'humbles esclaves, au nom des lois qui les régissent, et
qu'il a su définir.

L'agriculteur qui exploite seulement dix hectares
ensemencés en blé, s'il a donné à sa terre, outre les
soins ordinaires, l'engrais complet : azote, acide
phosphorique, potasse et chaux, dans les conditions
indiquées par la science, obtient une récolte qui
représente. au moins, rien que par son carbone
une valeur dynamique de 60,000 chevaux-vapeur.

Relève-toi, paysan!

Si tu as rempli ta mission professionnelle, si tu as
fait bon usage des moyens que la science met à ta
disposition, les conséquences ne te feront pas
défaut.

Porte avec fierté ton noble titre d'agriculteur!

Tu domines dans la société de toute la hauteur
dont la vitalité domine l'inertie.

Tu tiens dans tes mains l'existence et la richesse
de ton pays.

Toi aussi, tu règnes et tu gouvernes!

Toi aussi, tu es capitaine et maître sur l'Océan des moissons!

Ta main intelligente est posée sur le régulateur d'une force formidable.

Du seuil de ton logis, tu commandes à 60.000 chevaux-vapeur!

Et c'est cette force énorme qui animera les êtres qui consommeront ta récolte.

DEUXIÈME LEÇON

Le fumier.

Quittons les hauteurs de la science pure pour entrer dans le domaine de la pratique, sauf à revenir quelquefois sur nos pas pour élucider un point théorique à côté duquel nous sommes passés.

Après l'action des forces naturelles qui, en dehors de la main de l'homme, déterminent la formation végétale, les causes principales de la production des récoltes sont les engrais.

Sur 14 corps dont tous les végétaux sont formés, nous sommes obligés d'en fournir à la terre 4, qui sont : l'azote, l'acide phosphorique, la potasse et la chaux.

Les répandre sur un sol qui ne les a jamais possédés ou qui en a été dépouillé par une succession de cultures, c'est ce qu'on appelle : fumer la terre.

Après avoir reconnu qu'en donnant à la terre la plus pauvre, même à du sable, ces quatre substances comme engrais, on réalisait immédiatement la fertilité, on jeta un coup d'œil sur le passé agricole et l'on se dit : Avec l'azote, l'acide phosphorique, la

2.

potasse et la chaux, toutes les cultures prospèrent,
et la plus mauvaise terre se trouve fertilisée. Or, le
fumier fertilise la terre. Analysons le fumier, et
voyons si son emploi, d'antique mémoire, se rat-
tache naturellement à ces données nouvelles.

Le fumier fut analysé, et l'on trouva qu'il est composé, en effet, d'azote, d'acide phosphorique, de
potasse et de chaux, formant ensemble 1,64 p. 100 de
sa masse seulement et de 98.36 p. 100 de matières
encombrantes et inutiles.

Voici la composition moyenne du fumier de ferme,
pour 100 kilos :

Eau	80^k,000	Toutes ces substan-
Carbone	6, 800	ces sont fournies sura-
Hydrogène	0, 820	bondamment par l'air,
Oxygène	5, 670	l'eau de la pluie, les
Silice	4, 320	vapeurs atmosphéri-
Chlore	0, 040	98^k,36 ques, et le sol même
Acide sulfurique . . .	0, 130	le plus pauvre.
Oxyde de fer	0, 340	Il est inutile de les
Soude	traces.	donner comme en-
Magnésie	0, 240	grais.
Azote	0, 440	Agents effectifs de la
Acide phosphorique . .	0, 180	1^k,64 fertilité qu'il est néces-
Potasse	0, 490	saire de fournir au sol,
Chaux	0, 560	sous forme d'engrais.

100^k,000

Ainsi, voilà donc le fumier, unique agent de fertilité du passé, cheville ouvrière de la production
agricole chez nos pères, apprécié et jugé à sa juste
valeur. C'est une petite quantité d'engrais chimique
engagée dans une masse énorme de matière sans
valeur et coûteuse à remuer.

Il ne contient même pas 2 p. 100 de principes actifs, et le rapport de ces principes entre eux est loin d'être conforme aux besoins de la plupart des cultures, comme nous le verrons bientôt.

On l'a comparé à un minerai très pauvre qui, pour 96,36 de gangue, contiendrait seulement 1,64 de métal utile.

Les ignorants croient que le fumier contient quelque chose de mystérieux qui le rend supérieur aux engrais chimiques. Cela s'écrit même encore au milieu d'autres niaiseries, dans certaines publications agricoles. Quand on ne sait pas, on invoque les mystères.

Si l'expérience souffle sur ces affirmations, il n'en reste rien.

Il n'y a ni miracles ni mystères; il n'y a que des faits naturels, expliqués ou non.

Aujourd'hui, la science vous dit : Le fumier fertilise la terre parce qu'il contient ces quatre agents effectifs de la fertilité : azote, acide phosphorique, potasse et chaux; malheureusement son pouvoir fertilisant est très faible, car ces quatre corps réunis ne forment pas seulement 2 p. 100 de sa masse totale.

Avec un peu de réflexion, on conçoit qu'il ne peut en être autrement.

Le fumier est le résidu des fourrages qui ont traversé l'appareil digestif des animaux, mêlé aux tiges et aux feuilles sèches qui leur ont servi de litière; le tout plus ou moins fermenté en masse.

La décomposition n'ajoute rien à ce mélange; elle ne fait que mettre en liberté les éléments que la végétation a combinés.

Le fumier représente la dernière phase par laquelle passent les principes des végétaux pour retourner à l'état libre et concourir à en former de nouveaux.

Il ne peut contenir que ce que contenaient les plantes qui l'ont formé, moins les substances principales que les animaux en ont extraites pour leur nourriture.

Cette quintessence de la récolte, dont l'animal a formé son poil, sa chair, son sang, ses os, sont exportés loin du champ et ne lui sont pas rendus par le fumier.

Comment le fumier pourrait-il rendre à la terre tous les éléments que les récoltes lui ont enlevés lorsqu'il n'est lui-même qu'une fraction de la partie la plus inerte de ces récoltes?

Lorsque le bétail en impose la production, on a raison de l'utiliser, mais alors pour ce qu'il vaut, et en lui adjoignant un complément en engrais chimiques.

D'ailleurs, le fumier n'est pas un apport de richesse fait à la terre, ce n'est qu'une restitution incomplète.

C'est un verre d'eau rendu à la rivière que vous avez tarie.

Pour donner beaucoup de fumier à un terrain, il faut en avoir frustré un autre. C'est, comme dit le proverbe : découvrir Pierre pour couvrir Paul.

Celui qui tire d'un domaine une récolte de grains et de fourrages, qui vend du grain et des bestiaux, et prétend enrichir sa terre en lui rendant seulement le fumier qu'il a produit, ressemble à celui qui prend dans sa caisse un billet de 100 francs, va faire

des achats, et vient y remettre la monnaie qui reste.
A-t-il enrichi sa caisse ?

A peu près comme l'autre a enrichi sa terre.

Les engrais chimiques.

Ces quatre substances qui établissent et entretien-
nent la fertilité, du moment qu'elles nous sont
connues, peuvent être prises à des sources bien
autrement riches que le fumier, de même que nous
empruntons le calorique à des gisements infiniment
plus productifs que le bois.

Elles existent sur le globe en quantités inépuisables, c'est à nous de les prendre là où elles se trouvent sans emploi, pour les apporter là où elles sont
nécessaires.

Quand tout cultivateur le saura et sera capable
d'en faire une judicieuse application, une abondance
générale en résultera, et la face du monde agricole
sera changée.

L'engrais chimique est au fumier ce que les che-
mins de fer sont aux vieilles diligences, ce que la
puissance mécanique de la vapeur est à l'effort de
l'animal.

L'un est le progrès, l'autre la routine : l'un vole,
l'autre rampe ; l'un transporte une montagne, l'autre
traîne un fétu.

Pour être au niveau des besoins de notre époque,
il faut que la culture soit intensive et à grands rendements, et la culture intensive n'est possible
qu'avec les engrais chimiques.

Il s'agit de définir les besoins respectifs des diver-

ses cultures et de tracer des règles claires et précises dont chacun puisse s'inspirer.

En principe, il faut donner à la terre plus d'agents
de fertilité que la récolte n'est susceptible de lui en
enlever.

Pour obtenir le maximum de rendement, un petit
excédent doit rester au sol.

M. Georges Ville estime qu'il faut donner à la
terre plus de minéraux que les récoltes ne lui en
enlèvent, et seulement 50 p. 100 de l'azote qu'elles
contiennent, attendu que celles qui en empruntent
le moins à l'air y puisent encore la moitié de leur
contingent.

Voici, d'après les tables de Wolff, les quantités
d'agents de fertilité contenues dans quelques plantes
principales, pour 1.000 kilos de récolte entière :

		AZOTE.	ACIDE phosphorique.	POTASSE.	CHAUX.
		kil.	kil.	kil.	kil.
Froment	Grains	20,800	8,200	5,500	0,600
	Paille et balle	10,100	6,300	13,300	4,500
Avoine	Grains	19,200	5,500	4,200	1,000
	Paille et balle	10,400	2,000	20,100	10,600
Seigle	Grains	17,600	8,200	5,400	0,500
	Paille	2,100	1,900	7,600	3,100
Maïs	Grains	16,000	5,500	3,300	0,300
	Tiges et rafles	7,100	4,000	19,000	5,200
Navets	Racines	1,300	1,100	3,100	0,800
Betteraves à sucre.	Racines	1,600	1,100	1,000	0,500
Pommes de terre.	Tubercules	3,200	1,800	5,600	0,300
Chanvre	Graines	26,200	17,500	9,700	11,300
	Tiges	4,000	3,300	5,200	12,300
Lin	Graines	32,000	13,000	10,100	2,700
	Tiges		4,300	11,800	8,300
Pois	Grains	35,800	8,800	9,800	1,200
	Tiges	10,400	3,800	10,700	18,600
Fèves	Grains	40,800	11,600	12,600	1,500
	Tiges	16,300	4,100	25,900	13,500
Colza	Graines	31,000	16,400	8,800	5,200
	Tiges et siliques.	11,500	6,300	15,100	13,900
Luzerne	Verte	7,200	1,500	4,500	8,500
	Sèche	23,000	5,100	15,200	28,200
Trèfle	Vert.	5,300	1,300	4,600	1,600
	Sec	21,300	5,600	19,500	19,200
Foin de prairie	Vert.	4,400	1,500	6,000	2,700
	Sec	13,100	4,100	17,100	7,700

La récolte entière d'un hectare de froment, composée de 4 millions de chaumes et fournissant 30 hectolitres de grain, contient en éléments de fertilité:

Azote . . . . $60^k,00$
Acide phosphorique. . . . . . . $54, 00$

Potasse 42. 30
Chaux. 11. 70

On l'a obtenue avec 1,000 kilos d'engrais chimiques qui contenaient :

Azote 684.00
-   Acide phosphorique. 50. 00
Potasse 83. 00
Chaux. 155. 00

On voit que la quantité d'éléments absorbés pour
former la récolte est inférieure à celle fournie par
l'engrais, sauf, pour l'acide phosphorique, un écart
de 4 kilos que le sol contenait préalablement et dont
le blé s'est emparé.

Avec 40.000 kilos de fumier, qui fournit :

Azote 164k,00
Acide phosphorique. 72, 00
Potasse 196. 00
Chaux. 224. 00

on obtient une récolte donnant seulement 22 hectolitres de blé, qui contient en éléments de fertilité :

Azote   44,400
Acide phosphorique. 39, 60
Potasse 31, 02
Chaux. . . . .   S. 5S

Il ressort de ce qui précède : 1° que la quantité
d'agents de fertilité contenus dans l'engrais chimique se rapproche beaucoup plus des besoins de
la récolte que lorsqu'il s'agit du fumier; 2° que le
fumier, malgré sa dose énorme qui contient une

plus grande quantité d'agents fertilisants. produit un rendement inférieur.

La raison en est bien simple.

Dans l'engrais, les matières actives sont immédiament absorbables et assimilables ; il n'y a rien de perdu. La plante trouve une nourriture de son goût, bien pondérée. elle ne languit pas dans son développement, elle jouit d'un confortable qui se traduit par un rendement supérieur.

Dans le fumier, au contraire, tout est confondu. et la dose des éléments et les conditions de leur assimilation. Cette masse organique est capricieuse, infidèle. lente à se décomposer, et, pour ne parler que de son azote, un tiers. au moins. se dégage dans l'air à l'état gazeux. ou se perd sous d'autres formes. sans que les plantes puissent en profiter.

Parlons aussi des prix de revient et du bénéfice. car il s'agit de faire de l'argent avec la culture et non pas de la culture avec de l'argent.

Rien que du fait des engrais ; 40 tonnes de fumier. à 15 francs la tonne. coûtent 600 francs et produisent 22 hectolitres de blé. ce qui met l'hectolitre à 27 fr. 25. Il y a perte.

1000 kilos d'engrais chimiques coûtent 300 francs et produisent 30 hectolitres. L'hectolitre revient à 10 francs, il y a un bénéfice énorme.

La culture au fumier ne peut pas être rénumératrice.

Mathieu de Dombasle, qui a mis au service de l'agriculture toutes les capacités pratiques que l'on pouvait résumer de son temps, convient très bien que pendant les huit premières années qu'il a exploité la ferme

3

de Roville il a perdu de l'argent, et, s'il n'avait pas adjoint à sa ferme une fabrique d'instruments aratoires dont il dirigeait l'exécution et le perfectionement, il lui eût été impossible de sauver la situation.

Il faut entendre M. Georges Ville parler de cette circonstance !

« Si une fée bienfaisante, disait-il au champ de Vincennes, fût venue, pendant la nuit, répandre quelques kilos d'engrais chimiques sur les terres de Mathieu de Dombasle, uniquement fumées au fumier, cet homme eût vu jaillir autour de lui, comme il le méritait par ses efforts, des sources de profit que les connaissances de son époque ne lui permettaient pas d'ouvrir.

Engrais chimiques comparés au fumier pour 100 kilos.

AGENTS DE LA FERTILITÉ.	FUMIER.	ENGRAIS CHIMIQUES.
Azote.	0,41	6,80
Acide phosphorique.	0,18	5,00
Potasse.	0,49	8,30
Chaux	0,56	15,50
	1,61	35,60

1000 kilos de bon fumier contiennent 17 kilos de principes utiles; 48 kilos d'engrais chimiques en contiennent autant.

Loi des forces collectives.

L'azote, l'acide phosphorique, la potasse et la
chaux sont les agents effectifs de la fertilité, mais ils
ne manifestent la plénitude de leur action qu'à la
condition d'être simultanément présents dans le sol.
La plante a besoin de les trouver à sa disposition
tous les quatre à la fois. S'il en manque un, ou plusieurs, l'action des autres se trouve paralysée.

C'est ce qu'on appelle la loi des forces collectives.
Voici un exemple de la manifestation de cette loi ;
je l'emprunterai au champ d'expériences de Vincennes :

Culture de froment.

RENDEMENT A L'HECTARE.	HECTOLITRES DE BLÉ.
Engrais complet.	39
— sans chaux.	37
— sans potasse	28
— sans phosphate.	24
— sans matière azotée.	13
Terre sans aucun engrais	11

On voit que de 13 à 39 le rendement a fait un saut
énorme et que le maximum n'est obtenu que lorsque les quatre termes de l'engrais complet sont
réunis.

Loi des dominantes.

Reportons-nous au tableau précédent qui exprime la loi des forces collectives. Un autre enseignement s'en dégage.

On remarque la différence de quantité dont le rendement est affecté, suivant qu'on supprime tel ou tel terme de l'engrais complet, les autres termes restant les mêmes.

Avec l'engrais complet : azote, acide phosphorique potasse et chaux, on obtient 39 hectolitres de froment.

On supprime la chaux, le rendement baisse de 2 hectolitres. On supprime la potasse, il baisse de 11 et tombe à 28. Par la suppression du phosphate l'atteinte est encore plus profonde : 24 hectolitres.

Mais, si l'on vient à supprimer l'azote, le rendement tombe à 13 hectolitres, presque au même point que dans la terre sans engrais.

Par la suppression de ce seul terme, alors que les trois autres sont restés les mêmes, on a perdu 26 hectolitres !

Si l'importance de chacun de ces termes se déduit du résultat de sa suppression, nous devons en conclure que, pour le blé, c'est l'azote qui joue le rôle principal.

Ici se révèle la loi des dominantes.

Toutes les plantes exigent les quatre termes de l'engrais complet, mais, suivant leur espèce, elles ont une préférence marquée pour l'un ou l'autre de ces termes.

Nous avons vu la suppression de l'azote annihilant une récolte de blé : si c'eût été une récolte de pommes de terre, c'est la suppression de la potasse qui eût le plus amoindri le rendement.

Pour la vigne, la suppression de la potasse se traduit immédiatement par la suppression du raisin, et le cépage dépérit.

Pour le maïs et le sarrasin, c'est l'absence de l'acide phosphorique qui porte la plus profonde atteinte au produit.

On appelle dominante la substance de l'engrais complet plus particulièrement favorable à une sorte de culture.

Ainsi l'azote est la dominante du blé et des autres céréales.

La potasse est la dominante de la vigne, des pommes de terre, des pois, du trèfle et de toutes les légumineuses.

L'acide phosphorique est la dominante de la canne à sucre, du sorgho, du maïs, des navets, du sarrasin.

La chaux n'est la dominante d'aucune plante, mais elle est nécessaire à toutes.

Chacun des trois termes de l'engrais : azote, acide phosphorique et potasse, joue à son tour un rôle prépondérant ou un rôle subordonné, suivant la nature des plantes cultivées ; mais, qu'on ne s'y trompe pas, cet agent privilégié ne peut exercer sa prépondérance qu'avec le concours des autres termes de l'engrais complet. Seul, son action serait presque nulle.

La dominante est comme un mets préféré, dont

les convives aiment à trouver la surabondance au-
dessus du menu réglementaire.

Table des dominantes.

AZOTE.	ACIDE PHOSPHORIQUE.	POTASSE.
Froment.	Maïs.	Vigne.
Orge.	Canne à sucre.	Pois.
Avoine.	Sorgho.	Fèves.
Seigle.	Sarrasin.	Luzerne.
Chanvre.	Navets.	Trèfle.
Colza.	Turneps.	Haricots.
Betteraves.	Rutabagas.	Sainfoin.
Prairies naturelles.	Topinambours.	Vesces.
Légumes foliacés.	Légumes-racines.	Lin.
Plantes bulbeuses.	Arbustes à fleurs.	Pommes de terre.
Plantes herbacées d'ornement.		Tabac.
		Légumes-graines.
		Arbres fruitiers.

En règle générale, pour la culture active, les agents
de fertilité ne doivent pas dépasser les proportions
suivantes par hectare :

Azote 80k,00
Acide phosphorique. 60, 00
Potasse 100, 00
Chaux 120, 00

La dominante d'une culture ne doit guère dépasser 100 kilos de principe effectif à l'hectare, comme
aussi l'agent le moins efficace ne doit pas être donné
à moins de 48 kilos à l'hectare.

Exemples de l'application de ces lois.

Azote. acide phosphorique, potasse et chaux. Ces quatre corps, dont nous avons parlé jusqu'ici en les qualifiant simplement par leur nom, sont toute la cause de la fertilité de la terre.

Répandez-les dans tel terrain que vous voudrez. du moment qu'il y pleut et qu'il y fait du soleil. vous pouvez le rendre l'égal de la célèbre Limagne dont George Sand disait qu'elle est insolente de fertilité.

Dans la nature, chacun de ces corps. à l'état isolé. reste lettre morte. Rassemblés par l'homme et associés, ils deviennent l'instrument de la plus utile des puissances, celle de créer la nourriture des êtres vivants.

Pour qu'ils agissent efficacement, il faut qu'ils soient présents dans le sol tous les quatre à fois. Si le sol n'en contient aucun, il faut les lui fournir tous, s'il en contient déjà quelques-uns, il suffit d'ajouter celui ou ceux qui manquent.

Nous verrons plus loin combien il est facile. pour tout le monde, de reconnaître l'état de fertilité d'un sol cultivé.

L'obligation de réunir les quatre termes constitue la loi fondamentale des forces collectives. Le principe des dominantes est une loi dérivée qu'il est également important de connaître pour cultiver avantageusement.

La dominante est le terme de l'engrais complet dont la suppression détermine l'abaissement le plus considérable de la récolte; nous l'avons vu pour une culture de blé, qui est à dominante d'azote. Citons aussi l'exemple d'une culture de pommes de terre, dont la dominante est la potasse.

L'expérience a été faite à Vincennes, dans une terre épuisée, avec les agents de fertilité suivants, à l'hectare :

Azote	44k,00
Acide phosphorique.	60, 00
Potasse	94, 00
Chaux.	222, 00

Avec lesquels on a obtenu	27,950	kilos de pommes de terre.
Sans azote	20,850	—	—
Sans chaux	20,500	—	—
Sans phosphate	16,000	—	—
Sans potasse.	10,500	—	—
Sans aucun engrais . . .	7,500	—	—

Voici un autre exemple concernant l'acide phosphorique dans son rôle de dominante de la canne à sucre. L'expérience a été faite dans une culture de cannes, à la Guadeloupe, par M. de Jabrun, ancien délégué de cette colonie.

Avec l'engrais suivant :

Azote.	27k,600
Acide phosphorique	90, 000
Potasse.	93, 600
Chaux.	312, 200

On a obtenu. . . .	57,600	kilos { de cannes effeuillées	à l'hectare.
Sans azote.	56,000	—	—
Sans chaux	50,000	—	—
Sans potasse. . . .	35,000	—	—
Sans phosphate . .	15,000	—	—
Sans aucun engrais.	3,000	—	—

Suivant la nature des végétaux, l'élément privilégié change.

La suppression de la dominante a pour effet la suppression de la récolte. Si au contraire, on en augmente la dose, la récolte augmente, tandis que si l'on augmente la dose des autres termes, le rendement ne change pas.

Le champ de Vincennes va encore nous en fournir un exemple :

Avec un engrais composé comme suit :

Superphosphate de chaux	400k,00
Azotate de potasse	200, 00
Azotate de soude	300, 00
Sulfate de chaux	400, 00

dans lequel l'azote fourni par l'azotate de potasse et l'azotate de soude entre pour 73 kilos, on obtient 47.323 kilos de betteraves à l'hectare.

On élève la dose du superphosphate, de la potasse et de la chaux, le rendement n'augmente ni ne diminue; mais, si l'on porte la dose de l'azote de 73 à 100 kilos, la récolte s'élève de 47,323 kilos à 51,000 kilos.

Si, poussant les choses à l'extrème, on donne 130 kilos d'azote, les autres termes de l'engrais restant les mêmes, le rendement atteint 59,660 kilos de betteraves effeuillées à l'hectare.

Avec un surcroît de 57 kilos d'azote, valant alors 114 francs, on a obtenu 12,337 kilos de betteraves en plus, dont la valeur est de 247 francs.

Voici un autre exemple pris à la même source.

Il s'agit du colza dont l'azote est aussi la dominante :

3.

Colza. — Rendement à l'hectare.

Engrais minéral, sans azote . . . . . 15 hectolitres.
—   avec 40 kil. d'azote . 25   —
—   avec 80 kil. d'azote . 39   —

On appelle engrais intensifs ceux dans lesquels la dominante est poussée aux limites extrêmes.

Leur emploi exige le plus de capitaux, mais aussi donne les plus gros bénéfices. La dominante est le régulateur du rendement.

Lorsque M. Georges Ville a formulé et publié pour la première fois ces admirables lois, ce fut un tollé sans exemple dans la presse agricole.

Cris de jalousie, dénégations aveugles, injures même; rien ne fut épargné. Et comme dans tous les concerts que donnent aux vaillants les jaloux et les sots, la note méchante dominait.

Il fallut pourtant bien se rendre.

La mauvaise foi systématique et l'infériorité vexée furent confondues. La pratique, l'irrécusable pratique était là, qui sanctionnait et corroborait les affirmations du maître.

Grandes et belles théories, qui sont l'honneur de l'esprit humain!

En dehors de ces vérités, on ne peut plus entendre qu'allégations sans valeur et arguments discordants.

Plantes qui tirent leur azote de l'air.

Par exception à la loi des forces collectives, il est un petit nombre de plantes qui possèdent la faculté

de puiser dans l'air tout l'azote qu'elles organisent.
sans qu'il soit besoin de leur en fournir dans le sol
comme engrais.

Elles appartiennent toutes à la famille des légumineuses, et sont à dominante de potasse.

Les principales sont les pois, les fèves, le trèfle et
la luzerne.

Ces plantes contiennent cependant autant et
même davantage d'azote que la plupart de celles qui
en exigent dans le sol. Elles l'ont entièrement puisé
par leurs feuilles à la source gratuite de l'atmosphère.

On met cette circonstance à profit pour faire des
engrais en vert avec ces plantes. On laisse pousser
jusqu'à floraison une culture de trèfle ou de fèves.
on l'enfouit à la charrue, et la terre reçoit ainsi une
fumure économique d'azote, qui convient parfaitement aux céréales et au colza.

Pour une culture de pois ou de trèfle, si l'on
donne au sol l'engrais minéral tout seul, on est
sûr d'un bon rendement. Si l'on ajoute l'azote, on
fait une dépense inutile et le rendement n'est pas
meilleur.

L'engrais peut comporter une petite quantité
d'azote. comme par exemple dans l'emploi de l'azotate de potasse, sans que la récolte de légumineuses
en soit affectée.

Cet azote restera dans le sol et profitera aux cultures ultérieures, d'une autre nature, mais une plus
grande quantité serait plutôt nuisible.

J'ai vu, au champ d'expériences de Vincennes.
en 1880, des pois de 2 mètres de hauteur, chargés

de gousses de la base au sommet. Ils étaient obtenus avec l'engrais suivant, que M. Georges Ville appelle engrais incomplet n° 3 :

A l'hectare :

Superphosphate de chaux.	400ᵏ,00
Chlorure de potassium	200, 00
Sulfate de chaux anhydre.	400, 00

contenant en principes effectifs de fertilité :

Acide phosphorique	60ᵏ,00
Potasse	100 ,00
Chaux.	263 ,00

D'ailleurs, tous les végétaux tirent de l'air au moins 50 pour 100 de leur azote.

Voici la quantité d'azote tirée de l'atmosphère par quelques plantes principales :

Blé	50 p. %
Betteraves	60 p. %
Colza	70 p. %
Seigle	80 p. %
Orge.	80 p. %
Trèfle et luzerne	la totalité.

Le complément d'azote que contiennent les plantes et qu'elles n'ont pas tiré de l'air doit être fourni par le sol.

Il faut rendre à la terre plus de minéraux que les plantes ne lui en ont enlevé, et seulement la moitié de leur teneur en azote.

Si l'on cultive du trèfle dans un milieu inerte avec l'engrais sans azote, il réussit parfaitement, et contient beaucoup d'azote. Il l'a donc puisé dans l'atmosphère puisque le sol n'en contenait pas.

On a cru que tout l'azote que les plantes puisent
dans l'air leur parvenait sous forme de nitrate
d'ammoniaque, qui se produit par les temps ora-
geux.

Il se produit en effet, dans l'air, sous l'influence
des décharges électriques, une certaine quantité d'a-
cide nitrique capable de se combiner avec l'ammoniaque qui s'est dégagée du sol.

Alors une petite quantité de nitrate d'ammoniaque
est ramenée à la terre par les pluies orageuses qui
balayent l'atmosphère.

Mais cette quantité ne peut pas rendre compte de
la masse d'azote atmosphérique absorbée par la culture. C'est un dé à coudre à côté du Panthéon.

Ces eaux pluviales contiennent un demi-milli-
gramme d'azotate d'ammoniaque par litre et ne peuvent pas fournir annuellement plus de 6 kilos d'azote
par hectare.

Il est donc démontré que la plus grande partie de
l'azote de l'air qui parvient aux plantes est absorbé
à l'état gazeux.

Il faut encore savoir ceci : pour que les plantes
qui prennent leur azote, partie dans le sol, partie
dans l'air, soient capables d'en puiser à cette dernière source, il faut qu'elles soient douées d'une
certaine vigueur initiale acquise aux dépens de
l'azote du sol.

Exemple : Le blé n'est apte à tirer de l'azote de
l'air que si sa vigueur correspond à un rendement
égalant au moins dix fois la semence.

En d'autres termes : si la végétation qui résulte
d'un hectolitre de blé semé n'a pas la vigueur

nécessaire pour produire au moins dix hectolitres.
le blé est impuissant à tirer de l'air un seul
atome d'azote. Tout l'azote que la plante orga-
nisera dans sa chétive substance proviendra du
sol.

C'est pourquoi il est urgent de donner à la terre
l'engrais nécessaire pour que la culture puisse fran-
chir cette barrière d'impuissance.

Alors les choses changent immédiatement de
face. La plante n'est plus ce Tantale affamé, trop
faible pour saisir la nourriture aérienne qui l'envi-
ronne. La vigueur engendre la vigueur. C'est une
multiplication incessante des efforts de la plante et
des richesses qu'elle s'assimile.

Dans ces conditions, chaque unité de dépense
donnée à la terre rapporte au moins dix de bénéfices.

L'engrais doit être à l'état soluble.

Les substances qui composent un engrais, doivent
être à l'état soluble et assimilable par les plantes,
conditions indispensables pour être efficaces.

Une substance peut fort bien contenir de l'azote,
de l'acide phosphorique, de la potasse, ou de la
chaux, et ne pas plus profiter aux plantes qu'un cail-
lou.

Exemple : La houille est de la matière végétale
fossilisée, assez riche en azote, mais elle est insoluble dans l'eau. L'azote ne peut s'en dégager pour
passer dans les plantes.

Le granit contient de la potasse. Pulvérisez du

granit, et donnez-le comme engrais; ce sera comme
si vous donniez du verre pilé.

La potasse est là, renfermée et combinée à l'état
insoluble. Les plantes périront à côté sans pouvoir
l'absorber.

M. Georges Ville a pour cette démonstration
une comparaison aussi juste que pittoresque. Il
assimile la plante au milieu des agents de fertilité à l'état insoluble à un chien qu'on nourrirait .
avec du bifteck renfermé dans des globules d'or.

Les sucs gastriques n'attaquent pas l'or ; l'animal
aurait de la viande dans l'estomac et mourrait d'ina-
nition.

C'est ainsi que le fumier et tous les détritus organiques ne peuvent profiter aux plantes qu'au fur et
à mesure qu'ils sont décomposés et que leurs principes fertilisant se dissolvent, à l'état élémentaire,
dans l'humidité du sol.

Les plantes n'absorbent pas du fumier, mais bien
les éléments libres qui proviennent de sa décomposition, et qui alors seulement sont solubles dans le
véhicule aqueux.

Aucun corps organiquement combiné, si finement
pulvérisé qu'il soit, ne peut être absorbé par les
plantes, et aucun corps fertilisant ne peut passer
du sol dans les plantes s'il n'est dissous dans l'eau.

Ici se justifie ce vieil adage des alchimistes : *Cor-
pora non agunt nisi soluta,* Les corps n'agissent pas
s'ils ne sont dissous.

Par l'effet simultané de l'endosmose, de la capillarité et de l'évaporation, l'eau, chargée des bases
minérales du sol pénètre dans les racines par les

spongioles, s'élève dans le végétal comme attirée
par une pompe aspirante. Les principes qu'elle
charrie ne peuvent se fixer dans les tissus qu'à la
condition d'y devenir insolubles.

En effet, en parcourant les vaisseaux de la plante,
ils éprouvent des modifications graduelles. Des
acides organiques préalablement formés, comme
par exemple l'acide oxalique, les saisissent au pas-
sage et se combinent avec eux pour former des composés neutres insolubles.

L'eau continue de se diffuser, en se déchargeant
de plus en plus, et finalement s'évapore par les
parties vertes, absolument pure.

Cette sève circule dans les organes des plantes
distribuant les matériaux de la vie, depuis la plus
profonde racine jusqu'à la dernière feuille de la plus
haute branche.

Si la nourriture soluble vient à manquer dans le
sol, l'eau circule dans la plante comme un sang ap-
pauvri et son développement s'arrête.

Matières premières des engrais chimiques.

Voyons quelles sont les matières du commerce
qui fournissent pratiquement les quatre agents
effectifs de la fertilité, et examinons si les sources
de ces éléments peuvent fournir suffisamment et
toujours aux besoins généraux de la culture.

Nous allons rapidement passer en revue les quatre termes de l'engrais complet : l'azote, l'acide
phosphorique, la potasse et la chaux.

L'azote.

C'est un des corps les plus répandus dans la nature. Il forme les 79 centièmes de l'air atmosphérique. en volume.

A chaque litre d'air que nous respirons, il entre
dans nos poumons 79 centilitres d'azote et 21 centilitres d'oxygène.

Nous devons concevoir que nous nous mouvons
au fond d'une mer gazeuse d'environ 56 kilomètres
de profondeur. Nous nous comportons dans cet
océan aérien comme les poissons au sein des eaux.
Quand nous marchons, nous ouvrons une galerie
qui se referme derrière nous.

L'azote et l'oxygène, qui constituent ce milieu
ambiant, ne sont pas combinés; ils sont simplement
mélangés, de sorte que chacun d'eux peut entrer
librement dans toutes les combinaisons chimiques
et organiques où son affinité l'appelle.

Le mot azote vient du grec et veut dire : *sans vie*.

En effet, il est, par lui-même impropre à la
respiration, et les corps en combustion qu'on y
plonge s'éteignent immédiatement, ce qui fait que
les anciens l'ont confondu avec l'acide carbonique.

C'est Rutherford qui le distingua nettement de ce
gaz, en 1772.

Il joue dans l'air et dans les combinaisons organiques le rôle de modérateur, en tempérant l'action
trop vive de l'oxygène.

Son symbole chimique s'écrit Az, son équivalent est 14. On lui attribue la couleur bleue de l'atmosphère, vue sous une grande épaisseur.

L'azote pur est toujours à l'état gazeux, mais on l'obtient facilement en combinaison, soit avec l'hydrogène sous forme d'ammoniaque (Az H³) soit avec l'oxygène sous forme d'acide azotique (Az O⁵).

Disons ici, une fois pour toutes, pour prévenir un embarras possible dans l'esprit des personnes peu familiarisées avec les dénominations chimiques, que l'acide azotique s'appelle aussi acide nitrique et que l'expression d'azotate ou de nitrate est employée indifféremment pour désigner le même composé.

Sous forme d'ammoniaque, l'azote s'allie facilement à l'acide sulfurique et constitue le sulfate d'ammoniaque qui est un sel parfaitement cristallisé, très soluble, et contenant 20 pour 100 de son poids d'azote.

Le nitrate de soude fournit aussi 15 pour 100 d'azote provenant de l'acide azotique (Az O³) combiné avec l'oxyde de sodium (Na O).

Le nitrate de potasse (K O, Az O³) en contient 13 pour 100 dont l'engrais s'enrichit quand on emploie ce sel comme source de potasse.

Tout l'azote que les plantes absorbent par les racines leur parvient sous forme d'acide azotique ou sous forme d'ammoniaque, l'acide azotique étant neutralisé par une base et l'ammoniaque étant neutralisée par un acide.

L'azote que les plantes puisent dans l'air leur parvient à l'état gazeux. Ce sont les feuilles qui peuvent le capter sous cette forme.

L'azote peut donc être assimilé par les plantes sous trois formes, à l'état d'ammoniaque, à l'état de nitrate ou azotate et à l'état gazeux, pur et invsible comme il existe dans la composition de l'air.

L'azote ammoniacal convient particulièrement aux céréales, l'azote nitrique aux betteraves et autres racines, et l'azote gazeux aux légumineuses.

Le sulfate d'ammoniaque du commerce provient en grande partie des usines à gaz d'éclairage.

15 hectolitres ou 1,200 kilos de charbon de Mons fournissent 7 kil. 200 de sulfate d'amoniaque.

On en tire également des eaux vannes des grandes villes traitées par l'acide sulfurique, et de certains volcans aqueux.

Mais la source inépuisable de matière azotée. c'est l'air.

79 millions de kilogrammes d'azote atmosphérique pèsent en permanence sur la surface de chaque hectare.

Tirer directement l'azote de l'air pour le rendre assimilable par les plantes est le plus beau problème que la chimie puisse résoudre en faveur de l'agriculture et, conséquemment, de l'alimentation humaine.

Plus on donne d'azote à une culture de froment, plus la récolte augmente, et plus le grain produit est riche en gluten.

Puiser l'azote dans l'air pour les besoins agricoles, ce serait effectivement résoudre le problème de la vie à bon marché. Et l'on y parviendra certainement, car il suffit qu'un problème se pose comme question d'intérêt général pour être promptement résolu par la science.

Du reste, on est déjà sur la voie, et l'on est parvenu à fabriquer des matières azotées dont l'azote a l'air pour origine. On ne cherche plus que des procédés moins coûteux pour mettre à la disposition de l'agriculture des montagnes de matière azotée fabriquée aux dépens de l'atmosphère.

En attendant, les matières azotées propres à la confection des engrais chimiques existent dans le commerce en quantités immenses, toujours disponibles, et ne peuvent pas faire défaut aux besoins actuels de la culture.

L'acide phosphorique.

En 1669, un alchimiste de Hambourg, nommé Brandt, découvrit une substance étrange.

C'était un corps d'un blanc jaunâtre, mou comme de la cire, translucide, fumant à l'air avec une odeur d'ail, s'enflammant spontanément, et, caractère pouvant inspirer la terreur à cette époque de superstition, lumineux dans l'obscurité.

Vous avez reconnu le phosphore.

Son nom est tiré du grec *phos*, lumière, et *phéro*, je porte, à cause des vapeurs lumineuses qu'il répand dans les ténèbres. Son symbole chimique s'écrit Ph, son équivalent est 31.

Ce corps simple était découvert, mais comme on ne lui trouvait aucune application industrielle, il resta longtemps à l'état de curiosité de laboratoire.

Il y a seulement cent ans, qui est-ce qui connaissait le phosphore, excepté les rares adeptes de la chimie, à peine débarrassée des superstitions qui la souillaient jadis?

Avant l'invention des allumettes chimiques vers

1845, on le regardait encore comme une substance rare.

On ne se doutait pas de son abondance dans la nature ni du rôle prépondérant qu'il joue dans l'existance des êtres organisés.

L'agriculture n'en soupçonnait nullement l'utilité, et les premiers raffineurs de sucre jetaient leur noir d'os, si riche en phosphate et qui se vend si cher aujourd'hui.

Sans phosphore, il n'y a pas de vie possible, ni végétale ni animale.

C'est le phosphore qui détermine l'activité nerveuse et cérébrale. La moelle épinière en contient de fortes proportions, et l'ossature de l'homme et des animaux est formée de phosphore en combinaison avec la chaux et la magnésie.

Quand le phosphore brûle, il se combine avec l'oxygène et forme de l'acide phosphorique (Ph O^5). Cet acide peut se combiner à son tour avec des matières alcalines, comme la chaux et la magnésie, pour former des phosphates.

Ce sont ces phosphates, qui tiennent toujours en combinaison le radical : phosphore, que les plantes peuvent absorber et s'assimiler.

Le phosphate de chaux (Ca O, Ph O^5) est le plus employé pour la confection des engrais.

Dans le sable calciné, sans phosphate de chaux, la plante meurt. Avec un centigramme par kilo de sable, la plante ne meurt pas. Avec un gramme, la plante est superbe.

Pour faire cette expérience il faut prendre une petite graine, car si l'on prend un pois qui est une grosse graine et qui contient beaucoup de phosphate concentré autour de l'embryon, la plante lèvera et rapportera de la semence aux dépens de la première graine semée.

Seulement, si l'on sème la graine produite, le phosphate est insuffisant pour une deuxième récolte.

C'est donc en combinaison avec la chaux que le phosphore est le plus précieux pour la végétation.

Sous forme de phosphate de chaux soluble, il est absorbé par les plantes et contribue puissamment à leur développement et à leur fructification, il passe ensuite des plantes dans l'organisme de l'homme et des animaux.

L'acide phosphorique anhydre (Ph O⁵) contient 31 de phosphore et 40 d'oxygène, total : 71.

Dans la nature, un équivalent d'acide phosphorique est toujours combiné avec trois équivalents de chaux. Dans cet état, le phosphate de chaux est insoluble et ne peut pas profiter à la culture, excepté dans certaines terres acides, fraîchement défrichées dont les réactions peuvent le rendre soluble. Il faut alors qu'il soit répandu en poudre très fine et soigneusement mélangé à la terre.

Pour rendre les phosphates naturels solubles, on les traite par l'acide sulfurique étendu d'eau. Alors deux équivalents de chaux sont convertis en sulfate de chaux, et remplacés auprès de l'acide par deux équivalents d'eau.

Alors l'acide phosphorique n'est plus combiné qu'avec un seul équivalent de chaux et de l'eau. Dans cet état il est soluble.

Voici comment on procède :

Le phosphate de chaux minéral ou tricalcique est broyé en poudre fine et passé au tamis.

On verse dessus de 50 à 80 pour 100 de son poids d'acide sulfurique à 50 degrés. On brasse le mélange et la réaction s'opère.

L'acide sulfurique attaque le phosphate tricalcique ($3\,Ca\,O, Ph\,O^5$), s'empare de deux équivalents de chaux pour former du sulfate de chaux $Ca\,O, SO^3$ et n'en laisse qu'un en combinaison avec l'acide phosphorique. Les deux équivalents de chaux sont remplacés auprès de cet acide par deux équivalents d'eau empruntés à l'acide sulfurique hydraté.

On obtient alors un produit qui a pour formule : $Ca\,O, Ph\,O^5, 2\,HO$, c'est-à-dire un équivalent de phosphate monocalcique contenant 2 équivalents d'eau, plus du sulfate de chaux.

Il y a en outre dans ce produit certaines matières terreuses et des oxydes métalliques dont les phosphates minéraux sont toujours plus ou moins contaminés.

C'est là le phosphate monocalcique impur, ou superphosphate de chaux du commerce, dans lequel l'acide phosphorique est immédiatement soluble dans l'eau, ou au moins dans le citrate d'ammoniaque alcalin, et qui doit généralement servir à la confection des engrais chimiques.

Sa richesse en acide phosphorique soluble varie de 12 à 15 pour 100, suivant la provenance du phosphate naturel qui a servi à sa préparation.

Le superphosphate contient en moyenne 60 p. 100 de sulfate de chaux anhydre, ou plâtre, qui s'est formé pendant la réaction.

On appelle phosphate rétrogradé celui qui, étant soluble dans l'eau au moment de la préparation du superphosphate, a cessé de l'être au bout d'un certain temps, par suite de la combinaison d'une partie de l'acide phosphorique avec le peroxyde de fer et l'alumine que les phosphates naturels contiennent toujours.

Il n'a plus que la valeur du phosphate précipité ou bicalcique, attendu que le phosphate rétrogradé ne devient soluble qu'après avoir séjourné dans un sol acide.

Pour savoir combien une quantité de phosphate tricalcique contient d'acide phosphorique ; on divise par 2,18, et réciproquement, pour connaître à combien de phosphate tricalcique correspond l'acide phosphorique trouvé, on multiplie par 2,18.

Exemple : Un superphosphate dose 15 pour 100 d'acide phosphorique soluble, en multipliant ce nombre 15 par 2,18 on trouve 32,70 pour 100 de phosphate tribasique contenu dans le superphosphate.

Il y a quelques années, on ne connaissait que les os comme source pratique de phosphate de chaux.

On exploita d'abord les gisements d'ossements fossiles, les produits de l'équarrissage, et, clandestinement, jusqu'à d'anciennes sépultures humaines.

A ce sujet, M. Élie de Beaumont, professeur de géologie à l'École des Mines, pria M. Jobert de Lamballe, le célèbre chirurgien, d'exécuter des pesées sur différents squelettes et reconnut qu'un squelette humain desséché pèse en moyenne 4 kilogrammes et contient 3 kil. 280 grammes de phosphate de chaux.

On en conclut que, depuis les Gaulois jusqu'à nos
jours, notre mode de sépulture avait retiré du tourbillon organique et immobilisé dans le sol français
une masse immense de phosphore, correspondant à
2 milliards de kilogrammes de phosphate de chaux,
enfouis sous forme d'ossements humains.

Ne nous inquiétons pas, et continuons de respec-
ter nos morts. Quelques années d'exploitation des
nombreux gisements de phosphate naturel qui
existent en France auront bientôt compensé cette
déperdition.

Il faudrait plusieurs milliers d'années à notre agriculture pour épuiser ceux qui sont connus actuellement, et à chaque instant on en découvre de nouveaux.

Rien qu'en France, on signale des bancs de roche
calcaire phosphatée qui traversent plusieurs départements et dont l'épuisement demandera plusieurs
siècles.

Quarante départements français possèdent actuellement des gisements de phosphate de chaux en
exploitation.

Les phosphates du commerce les plus riches sont
ceux :

De l'Yonne, contenant, acide phosphorique. . . 17 p. °/₀
Du Rhône,   —   —   . . . 19 —
Du Jura,   —   —   . . . 26 —
Du Lot,   —   —   . . . 26 —
De l'Auxois,   —   —   . . . 27 —
De la Nièvre,   —   —   . . . 30 —
Des Vosges,   —   —   . . . 30 —

L'acide phosphorique existe donc sur le globe en

quantité incommensurable. Tous les continents
cultivés en sont pourvus.

Le phosphate des os n'est, comme le fumier,
qu'une faible restitution au sol. Le phosphate minéral seul est un apport réel de richesse étrangère.

Aujourd'hui les os ne sont guère employés qu'à
préparer le phosphate monocalcique pour l'obten-
tion du phosphore industriel. L'agriculture ne compte
sérieusement que sur les phosphates géologiques.

La potasse.

La potasse, ou oxyde de potassium, est également
un des corps les plus répandus dans la nature. C'est
le résultat de la combinaison du métal potassium
avec l'oxygène.

Sa formule chimique s'écrit $K O$, parce que le potassium s'appelle aussi kalium.

Elle fut connue de Geber, au neuvième siècle,
mais ne fut distinguée de la soude qu'en 1762, par
Margraff. Son nom est dérivé des mots anglais *pot*,
creuset, et *ashes*, cendres, parce que les Anglais furent
les premiers qui préparèrent industriellement cet
alcali, en lessivant des cendres de végétaux et en
évaporant la solution dans des pots, ou petites chaudières.

Il y a trois sources principales de potasse : les
roches feldspathiques et granitiques, les gisements
de sel gemme et l'eau de la mer.

Les granits, qui existent par chaînes de montagnes, et constituent une grande partie de l'écorce
terrestre, contiennent 15 à 20 pour 100 de potasse,

à l'état insoluble. il est vrai, mais qu'on peut extraire, au besoin, et rendre parfaitement soluble.

Les gisements de sel gemme, qui contiennent beaucoup de potasse, ont été formés par des mers intérieures, qui se sont desséchées, en laissant déposer tous les sels qu'elles tenaient en dissolution.

C'étaient de grands lacs salés dont le fond s'est trouvé au-dessus de la nappe d'eau environnante.

La mer Caspienne, à cause de sa profondeur, est restée un type de ces mers intérieures.

On trouve des mines de sel gemme importantes à Vieliczka, en Pologne, à Cordone, en Catalogne, à Stassfurt, en Prusse.

Nous avons vu, à l'Exposition universelle de 1867, à Paris, l'immense portique que la Prusse avait construit dans sa section, avec des blocs de sel gemme, comme avec des pierres de taille.

Si les gisements de sel gemme actuellement connus étaient rassemblés en un seul point du globe, ils pourraient recouvrir une étendue de terrain de 120 kilomètres de longueur et 80 kilomètres de largeur, sur une épaisseur de 100 mètres environ.

Cette masse de sel sodique et potassique, qui contiendrait environ 900 milliards de mètres cubes, ne représente pas la deux centième partie des sels contenus dans l'eau des mers qui recouvrent notre globe.

La potasse se trouve encore abondamment à l'état d'azotate (K O, Az O^5) qui vient s'effleurir à la surface du sol pendant la saison sèche au Bengale, en Égypte, à Ceylan et dans certaines parties chaudes de l'Amérique.

Mais l'eau de la mer forme à elle seule une source inépuisable de potasse.

Autrefois les eaux mères des salines, après avoir fourni le sel de cuisine, étaient rendues à la mer.

L'utilité et même la présence des autres sels n'était pas remarquée.

L'eau de mer laisse déposer, en se concentrant, ses sels selon l'ordre de leur solubilité. Le sulfate de chaux qui est presque insoluble, se dépose le premier, ensuite le sel de cuisine, ou chlorure de sodium, puis le sulfate de soude, et enfin le chlorure double de potassium et de magnésium.

Dans les gisements de sel gemme, on trouve les sels déposés selon l'ordre de leur solubilité, absolument comme il se passe de nos jours dans les marais salants.

C'est l'éminent chimiste français M. Balard, qui a trouvé le moyen d'extraire le chlorure de potassium (ClK) des eaux de la mer.

Ce sel n'est utile que par sa potasse; mais, au point de vue agricole, c'est une utilité de premier ordre.

L'eau de mer ordinaire en contient 50 centigrammes par kilo, ou un demi-millième de son poids.

En traitant l'azotate de soude par le chlorure de potassium on obtient l'azotate de potasse, appelé aussi sel de nitre ou salpêtre.

L'azotate de potasse est un sel parfaitement cristallisé, facilement maniable, et qui doit toujours être préféré pour fournir la potasse aux engrais chimiques.

Il convient à toutes les cultures, excepté peut-être pour la betterave à sucre. Signalons cette exception découverte par M. Georges Ville.

Pour les betteraves à sucre, avec le chlorure de potassium, le jus est plus pur, et le sucre cristallise mieux.

Avec l'azotate de potasse, une partie du jus passe à l'état de glucose, ou sucre incristallisable.

Un kilo de sucre incristallisable empêche en outre un kilo de sucre cristallisable de cristalliser; il y a déficit dans le rendement en sucre.

Cela tient à ce fait, qu'à l'état d'azotate, la potasse reste dans le corps de la betterave et passe dans le jus, dont elle entrave la cristallisation, tandis qu'à l'état de chlorure, la potasse, à la fin de l'été, monte dans le collet de la plante et dans les feuilles qu'on retranche au moment de l'arrachage.

Dans le chlorure de potassium la potasse est moins chère que dans l'azotate, mais le chlorure doit être proscrit à l'égard de plusieurs cultures, et son introduction dans l'engrais sans que l'acheteur en soit prévenu serait une véritable duperie.

Le chlorure de potassium ne doit jamais être appliqué, par exemple, au tabac et à la pomme de terre.

L'azotate de potasse, outre qu'on peut l'employer avec confiance pour toutes les cultures, sauf ce cas unique, pour les betteraves sucrières, est le plus précieux en ce sens qu'il contient deux éléments actifs : la potasse et l'azote.

Il fournit de la potasse par sa base et de l'azote par son acide.

L'azotate de potasse du commerce contient 44 pour

4.

100 de potasse pure, et; aussi 13 pour 100 d'azote
dont la valeur est à déduire du prix de revient de la
potasse.

Le chlorure de potassium contient 50 pour 100
de potasse pure.

La potasse est indispensable dans le sol, non seulement pour la part intrinsèque qu'elle prend à la formation végétale ; son utilité va plus loin. Les phosphates de chaux et de magnésie insolubles dans l'eau,
rencontrant la potasse, forment des phosphates dou-
bles de chaux et de potasse, de magnésie et de potasse
qui sont solubles et peuvent passer dans les plantes.

L'azotate ou nitrate de potasse entre dans la composition de la poudre à tirer pour les trois quarts
de son poids, ce qui le rend quelquefois plus rare et
plus cher.

Lorsque le gouvernement fait ses achats, il y a
hausse de prix pour un moment.

C'est un côté de plus par lequel l'agriculture est
l'antagoniste de la guerre.

La chaux.

La chaux est formée par la combinaison du métal
calcium avec l'oxygène. Chimiquement parlant, c'est
de l'oxyde de calcium (CaO).

Il existe en si grande quantité dans la nature qu'il
serait puéril d'en définir l'abondance. Les marbres,
les plâtres, les calcaires de toutes variétés existent
en quantités incalculables dans les différentes régions du globe.

Comme nous l'avons déjà dit, la chaux n'est la dominante d'aucune plante, mais elle est nécessaire à toutes.

Non seulement elle entre, comme matière constituante dans les végétaux, mais sa présence dans le sol agit comme amendement.

Les particules calcaires, en s'interposant dans la masse du sol plus ou moins compacte, lui donne de la légèreté, et facilite la pénétration des racines.

La chaux, par l'intermédiaire des plantes, passe dans l'organisme des hommes et des animaux pour constituer leurs os.

Dans les pays qui manquent de chaux, les animaux sont petits, et mal charpentés, la taille de l'homme s'abaisse et le rachitisme est fréquent.

C'est sous forme de plâtre cuit, ou sulfate de chaux anhydre, que la chaux convient le mieux pour la culture.

Le plâtre ne réagit pas sur les autres composants de l'engrais, et c'est la forme de la chaux la plus soluble. L'eau peut en dissoudre 2 pour 1000 de son poids.

La magnésie, très utile aux plantes et qui peut quelquefois manquer dans le sol, est suffisamment fournie par la chaux de l'engrais sans qu'il soit besoin d'en ajouter spécialement. La magnésie accompagne toujours la chaux dans la nature, de même que la soude accompagne la potasse.

Dans le sol, le sulfate de chaux éprouve une décomposition lente, mais continue. Il fixe le carbonate d'ammoniaque provenant des eaux pluviales et des détritus organiques. Il se forme alors du sulfate d'ammoniaque et du carbonate de chaux.

On ne se doute pas généralement de l'énorme quantité d'acide sulfurique qu'exige la végétation, et que le plâtre peut lui fournir.

Dans une récolte de luzerne et de colza, la proportion d'acide sulfurique atteint de 40 à 50 kilos à l'hectare.

Dans une culture de choux, elle s'élève jusqu'à 200 kilos.

Le plâtre cru est ainsi composé, pour 100 :

Acide sulfurique.	46,51
Chaux	32.56
Eau	20,93
	100,00

A la température de 120 degrés il perd son eau de constitution et devient le plâtre cuit, ou sulfate de chaux anhydre, susceptible de faire prise quand on y rajoute de l'eau.

Alors, on le broie en poudre assez fine, et il devient propre à la construction et à l'agriculture. Sa formule est alors CaO, SO^3.

Il contient 59 pour 100 d'acide sulfurique et 41 pour 100 de chaux pure ou oxyde de calcium.

La chaux est le terme de l'engrais complet qui coûte le moins cher.

Le plâtre anhydre pulvérisé doit toujours entrer en léger excès dans les engrais chimiques où il joue plusieurs rôles utiles. Il est engrais lui-même et excipient. Il sert d'amendement, et il donne à l'engrais son volume nécessaire et sa forme maniable.

Nous voyons que ces quatre agents de la fertilité :

azote, acide phosphorique, potasse et chaux, dont
nous venons de faire sommairement l'historique,
existent sur le globe en quantités inépuisables et
toujours disponibles.

Quand on a acquis les matières premières, la confection de l'engrais n'est plus qu'un simple mélange,
basé sur la culture qu'on a en vue et la teneur en
principes actifs des substances composantes.

Confection de l'engrais chimique.

Sur une aire bien unie et bien sèche, bitumée s'il
est possible, parce que le bitume est imperméable à
l'humidité sous-jacente, on étend d'abord le superphosphate qui est souvent humide, ensuite le plâtre
qui donne au tas une surface sèche, puis le sulfate
d'ammoniaque, ensuite le chlorure de potassium ou
l'azotate de potasse. On mélange intimement ces
matières à la pelle, on passe au tamis ou à la claie,
on écrase les grumeaux avec un pilon pour les
réunir à la masse.

On laisse reposer 24 heures et l'on donne un autre
pelletage pour rendre pulvérulente la masse qui
s'est légèrement agrégée. Il y a des machines, du
prix de 7 à 800 francs, qui font tout ce travail d'un
seul coup et en grand.

Le rôle de l'eau.

Le globe de la terre est composé de deux couches :
l'une fondue, l'autre cristallisée.

Dans la couche fondue, la chaux, le fer, la soude,

la potasse, tout est combiné avec la silice, et figé
en bloc. C'est le chaos, c'est l'inertie.

Dans la couche cristallisée, ou de sédiment, l'eau
est intervenue, il y a eu séparation de certains corps
et réunion des autres. Un rudiment d'engrais chimiques a pu se former naturellement, pour devenir
le théâtre des premières manifestations de la vie
végétale.

Il n'a pas toujours plu sur la terre.

A une époque indéterminée par les géologues,
les gaz qui l'enveloppaient, et qui plus tard devaient
former l'air et l'eau, étaient tenus à distance et considérablement dilatés par la haute température du
noyau central.

L'eau n'était pas encore formée, et, l'eût-elle été
à l'état de vapeur, elle ne pouvait pas plus reposer
sur le globe incandescent que la rosée sur un boulet
rouge.

Lorsque la surface terrestre se fut figée et refroi-
die, le soleil resta pour elle la seule source de chaleur
active. Les matières gazeuses se rapprochèrent.
L'hydrogène et l'oxygène, combinés, sans doute, par
une combustion qui donna pendant longtemps à
notre planète l'aspect d'un soleil, formèrent de l'eau
qui commença à ruisseler sur la croûte rugueuse du
globe, tantôt boursouflée, tantôt déprimée par les
convulsions du foyer intérieur de plus en plus circonscrit.

L'eau s'écoula dans les parties profondes, et s'ac-
cumula dans les grandes cavités, dont le fond,
surchargé, s'abaissa encore davantage, en faisant
refluer dans les parties hautes la matière ignée sous-

jacente. Ainsi s'établirent les mers et les continents.

A travers les couches moins opaques de l'atmosphère, les radiations solaires purent atteindre la
surface des eaux. Les vapeurs aqueuses montèrent
imperceptiblement pour se rassembler en nuages.
Les nuages, mis en mouvement comme aujourd'hui,
furent emportés au-dessus des continents pour s'y
résoudre en pluie.

La pluie, en tombant sur cette écorce minérale,
finit par la détremper et la ronger. Elle désagrégea
la crête des montagnes, ravina leurs flancs, se char-
gea des sels solubles de chaux, de soude, de potasse,
et, mêlant tous ces agents aux débris pulvérulents
qu'elle entraînait, composa, dans les parties inférieures, des lits de terre arable.

La fertilité était fondée. Le règne végétal pouvait
éclore.

La table était dressée; les convives pouvaient
venir.

Et les convives se présentèrent.

Les plantes naquirent en raison de cet axiome
physiologique :

Toutes les fois que les conditions nécessaires à la
formation d'un être se trouvent réunies, cet être
prend naissance.

Reportons-nous par la pensée à cette période chaotique, où le globe, encore brûlant, faisait feu de tous
ses cratères et promenait dans les espaces célestes
sa masse inhabitable !

Il a peut-être fallu plus de trente mille siècles pour
préparer le milieu capable de nourrir le premier
végétal utile.

Immense et long travail de jachères, que la science accomplit aujourd'hui instantanément!

Il n'y avait alors ni humus ni fumier; — que doivent en penser ces routiniers à courte vue qui croient encore que ces deux substances sont indispensables à la végétation?

C'est l'intervention de l'eau qui contribua le plus à désagréger et à préparer cette croûte granitique, cette sorte de nougat minéral dont le ciment agglutinatif est de la silice fondue; et c'est encore l'eau qui dissout les éléments des engrais, qui les élève et les distribue à travers les tissus des végétaux et concourt pour les huit dixièmes à la constitution des êtres vivants.

C'est surtout l'eau de la pluie qui profite le plus largement à la culture.

Il tombe, en moyenne, sous le climat de la France 70 centimètres d'eau par an, ce qui fait 7,000 mètres cubes à l'hectare.

Ce n'est pas énorme, si l'on songe que l'été est la saison où il en tombe le moins, et que, par un temps chaud et bien éclairé, un hectare de maïs, par exemple. peut évaporer 30,000 litres d'eau par jour.

Lorsque l'eau manque, les principes de l'engrais qui sont les plus solubles continuent de monter dans les plantes, tandis que les moins solubles, comme les phosphates restent dans le sol. Il y a séparation, l'équilibre est rompu, et la culture est compromise.

Cependant, une année trop mouillée a de plus graves inconvénients en France qu'une année un peu sèche.

Cela tient à notre latitude. Le temps pluvieux

implique l'absence du soleil, et la longue présence du soleil est déjà nécessaire sous notre climat pour compenser l'obliquité de ses rayons.

Un vieux proverbe de mon pays d'Anjou dit que « jamais famine n'est venue par année sèche ».

Le midi de l'Europe en juge autrement. Voilà bientôt deux mille ans que Virgile a dit : J'aime des hivers secs et des étés humides.

Pour mettre tout le monde d'accord, il faudrait de l'eau partout, mais en temps et lieu, et ni trop ni trop peu.

Que la poétique antique avait bien compris et gracieusement exprimé ce rôle suprême de l'eau dans l'exercice de la vie !

Vénus naissant du sein des ondes !

C'est la plus sublime allégorie que l'esprit humain ait jamais conçue.

Vénus, l'amour, la beauté, la fécondité ! Toujours belle, toujours rajeunie, mère sans cesser d'être amante, et toute-puissante dans sa glorieuse simplicité !

Telle est la terre émergeant du sein des eaux, conditions premières de la vie.

O terre ! grâce au régime des eaux, que l'activité solaire puise, emporte et distribue sur ta surface, tu es vivante, tu es féconde, tu es belle !

Tu es la patrie bien-aimée enrichie par le génie et le travail de tes enfants !

TROISIÈME LEÇON

Formules d'engrais. — Engrais complets.

Si le professeur de Vincennes doit tout dire, et ne pas laisser dans l'ombre un seul point de l'immense doctrine qu'il a fondée, nous avons vu le praticien se perdre dans une gamme de formules trop nombreuses, se décourager faute de comprendre et renoncer à en appliquer aucune.

Le grand nombre des petits cultivateurs encore peu instruits voudraient une formule unique, comme le fumier, le guano, qui sont des engrais insuffisants et incomplets, ils en conviennent, mais qui ont pour eux l'avantage de ne pas mettre à contribution un savoir qui leur manque, et aussi de ne pas exiger une dépense nouvelle pour chaque variété de culture.

Malheureusement, les lois qui commandent à la production végétale sont un peu plus compliquées.

Une formule unique pourrait, à la rigueur, produire des plantes à tous prix, en fournissant abondamment chacun des quatre termes de l'engrais complet; mais, dans la plupart des cas, ce serait un gaspillage, au lieu du bénéfice qui récompense toujours l'emploi des formules appropriées.

Voici quatre formules principales, basées sur la loi des dominantes, le principe des forces collectives, et qui condensent toutes la série des formules intermédiaires.

Par l'application raisonnée de ces quatre numéros d'engrais complet, et l'intervention, au besoin, de chacun des composants employé isolément, ou associé, suivant les indications données, on peut satisfaire à l'état de tous les terrains et aux exigences de toutes les cultures.

C'est le résumé pratique de toutes les formules que la théorie peut proposer pour la culture active.

Il faut que celui qui commence, et qui ne sait rien, trouve d'abord des règles simples et faciles pour s'instruire et se diriger.

Il faut aussi que celui qui achète des engrais chimiques ou les fabrique soi-même, saisisse facilement la formule qui lui convient.

Moins le choix sera nombreux, tout en étant suffisant, moins grand sera son embarras.

Engrais complet n° 1

Équilibré pour toutes les cultures

POUR 100 KILOS.	PRINCIPES ACTIFS.			
	AZOTE.	ACIDE phospho-rique.	POTASSE.	CHAUX.
Sulfate d'ammoniaque .. 17ᵏ,615	3ᵏ,523			
Superphosphate de chaux. 33, 340		5ᵏ,000		8ᵏ,200
Azotate de potasse. 11. 362	1ᵏ,477		5ᵏ,000	
Sulfate de chaux anhydre 37, 683				15. 452
100ᵏ,000	5ᵏ,000	5ᵏ,000	5ᵏ,000	23ᵏ,652

Cet engrais type peut créer la fertilité d'un seul coup, dans n'importe quelle terre.

Chaque plante y trouvera sa dominante et laissera, pour les végétaux d'une autre nature, les éléments excédant ses besoins.

On peut toujours l'employer lorsqu'on a affaire à un sol dont la richesse initiale est inconnue, ou qu'on veut couvrir de cultures variées. Il en faut en moyenne 1,000 kilogrammes à l'hectare, soit 100 grammes par mètre carré.

La somme totale des agents effectifs de la fertilité s'élève à 38 p. 100. Disons ici, pour répondre à une question souvent posée, que plusieurs des substances qui servent à compléter 100, jouent un rôle améliorant très appréciable. Il y a surtout de l'acide sulfurique, du fer, du chlore, de l'alumine, de la silice, de la magnésie, et de l'eau de constitution des sels.

Voici maintenant trois engrais complets spéciaux, tous dérivés du type initial, mais où la dominante s'élève suivant le besoin des cultures.

Engrais complet n° 2

à dominante d'azote.

Pour :

Blé,	Betteraves,
Orge,	Prairies naturelles,
Avoine,	Choux,
Seigle,	Légumes-feuilles,
Chanvre,	Plantes herbacées d'ornement,
Colza,	Plantes bulbeuses.

POUR 100 KILOS.	PRINCIPES ACTIFS.			
	AZOTE.	ACIDE phospho-rique.	POTASSE.	CHAUX.
Sulfate d'ammoniaque... 24^k,065	4^k,817			
Superphosphate de chaux. 33, 340		5^k,000		8^k,200
Azotate de potasse..... 9, 100	1^k,183		4^k,000	
Sulfate de chaux anhydre 33, 475				13, 727
100^k,000	6^k,000	5^k,000	4^k,000	21^k,927

Engrais complet n° 3

à dominante d'acide phosphorique.

Pour :

Maïs,	Topinambours,
Sarrasin,	Sorgho,
Navets,	Canne à sucre,
Turneps,	Légumes-racines,
Rutabagas,	Arbustes à fleurs.

POUR 100 KILOS.	PRINCIPES ACTIFS.			
	AZOTE.	ACIDE phospho-rique.	POTASSE.	CHAUX.
Sulfate d'ammoniaque. . . 12ᵏ,615	2ᵏ,523			
Superphosphate de chaux. 40, 000		6ᵏ,000		9ᵏ,840
Azotate de potasse 11, 365	1, 477		5ᵏ,000	
Sulfate de chaux anhydre. 36, 020				14, 768
100ᵏ,000	4ᵏ,000	6ᵏ,000	5ᵏ,000	24ᵏ,608

Engrais complet n° 4

dominante de potasse.

Pour :

Vigne,	Vesces,
Pois,	Lin,
Fèves,	Pommes de terre,
Luzerne.	Tabac,
Trèfle,	Arbres fruitiers et forestiers,
Haricots,	Légumes-graines,
Sainfoin,	Plantes ligneuses d'ornement.

POUR 100 KILOS.	PRINCIPES ACTIFS.			
	AZOTE.	ACIDE phospho-rique.	POTASSE.	CHAUX.
Sulfate d'ammoniaque. . . 4ᵏ,600	0ᵏ,920			
Superphosphate de chaux. 33, 340		5ᵏ,000		8ᵏ,199
Azotate de potasse. 16, 000	2, 080		7ᵏ,000	
Sulfate de chaux. 46, 060				18ᵏ,887
100ᵏ,000	3ᵏ,000	5ᵏ,000	7ᵏ,000	27ᵏ,086

Engrais homologues.

Le nom d'engrais homologues a été donné par M. Georges Ville à ceux dans lesquels l'azotate de soude est substitué au sulfate d'ammoniaque et le chlorure de potassium à l'azotate de potasse. Ils ont la même richesse finale que les engrais principaux et peuvent coûter moins cher.

Mais il ne faut pas oublier que cette substitution ne convient pas à toutes les cultures.

Avec le chlorure de potassium le tabac ne brûle pas : avec l'azotate de potasse il est excellent.

Le chlorure de potassium doit encore être proscrit à l'égard de la pomme de terre; mais, pour une raison que nous avons fait connaître, il doit être fourni de préférence à la betterave à sucre.

Pour les céréales, le sulfate d'ammoniaque est la meilleure source d'azote. Pour les racines, on peut employer le nitrate de soude.

Dans plusieurs cas, l'azote oxygéné, c'est-à-dire provenant des azotates, paraît plus efficace que l'azote hydrogéné provenant de l'ammoniaque.

Les légumineuses, n'exigeant pas d'azote, peuvent recevoir le chlorure de potassium plus économiquement que l'azotate de potasse.

Homologue de l'engrais n° 2.

POUR 100 KILOS.	PRINCIPES ACTIFS.			
	AZOTE.	ACIDE phospho- rique.	POTASSE.	CHAUX.
Azotate de soude 39ᵏ,000	6ᵏ,000			
Superphosphate de chaux. 33ᵏ,340		5ᵏ,000		8ᵏ,200
Chlorure de potassium . . 8, 000			4ᵏ,000	
Sulfate de chaux anhydre 19. 660				8, 060
100ᵏ,000	6ᵏ,000	5ᵏ,000	4ᵏ,000	16ᵏ,260

Cet engrais convient pour betteraves à sucre, prairies naturelles et jardinage.

On voit par cet exemple que, dans les engrais homologues, la dose en azote, acide phosphorique et potasse est la même que dans le numéro correspondant de l'engrais principal. La différence n'existe que dans la matière commerciale qui fournit les principes actifs.

Celui qui achète des engrais chimiques et qui n'est pas suffisamment familiarisé avec la doctrine fera bien de s'en tenir d'abord aux formules d'engrais principal, avec lesquelles il n'aura jamais de mécomptes.

Engrais intensifs.

Ce sont des engrais plus concentrés où la dominante est portée à la dose extrême.

Tel est l'engrais n° 4, que M. Georges Ville prescrit pour la vigne, les arbres et les arbustes.

Engrais complet intensif n° 4.

POUR 100 KILOS.	PRINCIPES ACTIFS.			
	AZOTE.	ACIDE phospho-rique.	POTASSE.	CHAUX.
Superphosphate de chaux 40ᵏ,000		6ᵏ,000		9ᵏ,840
Azotate de potasse 33ᵏ,340	4ᵏ,600		15ᵏ,600	
Sulfate de chaux anhydre 26ᵏ,660				10, 930
100,000	4ᵏ,600	6ᵏ,000	15ᵏ,600	20ᵏ,770

Engrais incomplets.

Ce sont ceux dans lesquels il manque un ou plusieurs des quatre termes de l'engrais complet. Ils conviennent dans les terres qui sont déjà pourvues d'un ou plusieurs agents de la fertilité.

Voici une formule d'engrais incomplet pour un terrain déjà pourvu d'azote, et pour les légumineuses qui n'ont pas besoin de cet élément dans le sol. Il est désigné au champ de Vincennes sous le n° 3. Nous lui donnerons le n° 4, pour rester conforme à la série des formules que nous avons établies.

Engrais incomplet n° 4.

POUR 100 KILOS.	PRINCIPES ACTIFS.		
	ACIDE phospho-rique.	POTASSE.	CHAUX.
Superphosphate de chaux. 40ᵏ,000	6ᵏ,000		9ᵏ,840
Chlorure de potassium. . . 20, 000		10ᵏ,000	
Sulfate de chaux anhydre. 40, 000			16, 400
100ᵏ,000	6ᵏ,000	10ᵏ,000	26ᵏ,240

Voici maintenant un répertoire des principales formules de M. Georges Ville dont la haute efficacité se trouve confirmée par la pratique. Leur emploi à la dose indiquée constitue la culture intensive.

Répertoire de formules.

—————

Engrais complet n° 1.

Pour Colza, Chancre, Froment,
Orge, Avoine, Seigle, Prairie. — 600 kilos seulement.

TITRE 0/0
EN AGENTS DE FER-
TILITÉ (1).

					De l'engrais	A l'hec- tare. kil.
Az	PhO⁵	KO	CaO	Superphosphate de chaux..	33,34	400
				Nitrate de potasse.	16,66	200
6,50	5,00	8,00	17,00	Sulfate d'ammoniaque. . .	20,83	250
				Sulfate de chaux	29,17	350
					100,00	1,200

Engrais homologue n° 1.

Même destination aux mêmes doses.

					0/0	A l'hec- tare. kil.
Az	PhO⁵	KO	CaO	Superphosphate de chaux..	33,34	400
				Chlorure de potassium à 80°	16,66	200
6,60	6,00	8,33	13,00	Sulfate d'ammoniaque. . .	32,50	390
				Sulfate de chaux	17,50	210
					100,00	1,200

(1)   *Symboles abréviatifs des agents de fertilité.*

Azote. Az. | Acide phosphorique. PhO⁵. | Potasse. KO. | Chaux. CaO

Engrais complet n° 2.

Pour Choux. Betteraves, Carottes, Jardinage.

TITRE 0/0
EN AGENTS DE FER-
TILITE.

Az	PhO³	KO	CaO		0 0	À l'hec- tare. kil.
				Superphosphate de chaux.	33.34	400
6,50	5,00	8,00	15,00	Nitrate de potasse.	16.66	200
				Nitrate de soude	25,00	300
				Sulfate de chaux	25,00	300

100,00 1,200

Engrais homologue n° 2.

Même destination aux mêmes doses.

Az	PhO³	KO	CaO		0 0	À l'hec- tare. kil.
				Superphosphate de chaux .	33.34	400
6,50	5,00	8,33	14,00	Chlorure de potassium à 80°	16.66	200
				Sulfate d'ammoniaque. . .	11,66	140
				Nitrate de soude	25,00	300
				Sulfate de chaux	13.34	160

100,00 1,200

Engrais complet n° 3.

Pour Pommes de terre, Tabac, Lin, Vigne.

Az	PhO³	KO	CaO		0 0	À l'hec- tare. kil.
				Superphosphate de chaux .	40,00	400
5,00	6,00	14,00	10,00	Nitrate de potasse.	30,00	300
				Sulfate de chaux	30,00	300

100.00 1,000

Engrais complet nº 4.

Pour Vigne, Tabac, Arbres fruitiers, Plants d'ornements.

TITRE 0/0

EN AGENTS DU FER-TILITÉ.					0/0	A l'hectare. kil.
Az	PhO^5	KO	CaO	Superphosphate de chaux .	40,00	600
4,60	6,00	15,50	17,00	Nitrate de potasse	33,34	500
				Sulfate de chaux	26,66	400
					100,00	1,500

Engrais complet nº 5.

Pour Maïs, Topinambours, Sorgho, Navets, Canne à sucre.

					0/0	A l'hectare. kil.
Az	PhO^5	KO	CaO	Superphosphate de chaux .	50,00	600
2,50	7,50	8,00	22,00	Nitrate de potasse.	16,66	200
				Sulfate de chaux	33,34	400
					100,00	1,200

Engrais complet nº 6.

Pour Lin à dentelle, Légumineuses, Luzerne.

					0,0	A l'hectare. kil.
Az	PhO^5	KO	CaO	Superphosphate de chaux .	40,00	400
2,70	6,00	9,00	22,00	Nitrate de potasse.	20,00	200
				Sulfate de chaux	40,00	400
					100,00	1,000

Engrais incomplet n° 1 (sans potasse).

Pour Colza, Céréales, Prairie.

TITRE 0/0

EN AGENTS DE FER-TILITÉ.					0/0	A l'hectare. kil.
Az	PhO³	KO	CaO	Superphosphate de chaux .	40,00	400
7,00	6,00	0.00	17,00	Sulfate d'ammoniaque. . .	35,00	350
				Sulfate de chaux	25,00	250
					100,00	1,000

Engrais incomplet n° 6 (sans azote).

Pour Trèfle, Sainfoin, Luzerne, Légumineuses.

Az	PhO³	KO	CaO		0/0	A l'hectare. kil.
0,00	6,00	10,00	22,00	Superphosphate de chaux .	40,00	400
				Chlorure de potassium à 80°	20,00	200
				Sulfate de chaux	40,00	400
					100,00	1,000

Application aux diverses cultures.

Nous allons mentionner les principales plantes cultivées et donner quelques renseignements sur l'emploi de l'engrais qui leur convient respectivement.

Ces indications n'ont rien d'absolu. Une large part est laissée à l'initiative du cultivateur.

La fertilité native de la terre, les fumures qu'elle a reçues précédemment, la dernière récolte qu'elle a produite, la dépense qu'on veut faire sont autant de causes qui peuvent modifier la dose d'engrais indiquée au point de vue général.

Blé.

Pour le blé, ou répand l'engrais à la volée après le dernier labour. On donne un bon coup de herse pour le mélanger à la couche superficielle, et l'on sème comme à l'ordinaire.

L'épandage à la volée se fait à la main ou au semoir mécanique. On dépose l'engrais, en sacs ou en barils, au bout du champ ou même au milieu, si le champ est assez long, de manière à pouvoir garnir facilement son semoir. On règle ses jetées d'engrais le mieux possible, afin d'en mettre également partout, et de donner au champ la quantité qui convient à son étendue.

Il est bon de choisir un temps calme, afin que le vent ne dérange pas l'uniformité de l'épandage. On fabrique aujourd'hui des machines très commodes qui répandent l'engrais en nappes régulières de 3 mètres de largeur.

Dans certaines exploitations, où l'on sème à plat et en lignes, on se sert d'appareils qui distribuent à la fois le grain et l'engrais.

Une raie est creusée, un filet d'engrais tombe dans le fond, une couche de terre le recouvre, le grain tombe ensuite, et la raie se comble par-dessus. Cette superposition est excellente, car une graine n'a pas besoin d'engrais pour lever, et l'engrais a tout le temps de se diffuser dans le sol pour

ne pas brûler les racines pendant que celles-ci traversent la terre intermédiaire.

Il faut employer l'engrais n° 2 à la dose moyenne
de 1,000 kilos à l'hectare.

On en répand la moitié à l'automne, au moment
des semailles, et le reste en couverture au mois de
mars, en passant dessus la herse ou le râteau.

Si la terre est déjà riche et le blé vigoureux, cette
fumure de printemps peut ne consister que dans la
dominante, soit 20 à 30 kilos d'azote fournis par 100
à 150 kilos de sulfate d'ammoniaque seul.

L'effet des engrais en couverture sur les céréales
est toujours magnifique. Quelques kilos répandus à
temps sur des parties qui paraissent souffrir forti-
fient les racines adventices et assurent le rendement.

Il ne faudrait pas donner d'engrais plus tard que
le mois de mars, car non seulement il a moins
d'empire sur la plante qui se lignifie bientôt et cesse
d'absorber, mais son effet tardif serait d'entretenir
la végétation foliacée au détriment de la grenaison
et d'exposer la culture à la verse et à l'échaudage.

Les blés et avoines de mars demandent seulement
500 kilos d'engrais n° 2 par hectare. Leur période
végétative se trouvant raccourcie, une plus forte
dose aurait pour effet de les tenir verts jusqu'aux
grandes chaleurs et de les exposer à l'échaudage.

Il vaut mieux semer le blé un peu clair, de 150 à
160 litres par hectare, et donner davantage d'engrais.

Par ce moyen, la lumière peut baigner le pied du
blé jusqu'à la maturation, les tiges sont saines et

robustes dans toute leur longueur, craignent moins
la verse, et les épis, plus volumineux, sont chargés
de grain plus abondant et mieux nourri.

Blé sur blé.

On cultive rarement la même plante plusieurs années de suite dans la même terre, surtout le blé,
qui doit alterner avec une culture sarclée, pour
empêcher la multiplication des mauvaises herbes,
mais il peut arriver qu'on ait intérêt à le faire.

Dans ce cas, on donne 1,000 kilos du même engrais, et le rendement est aussi bon, sinon meilleur
que l'année précédente.

Si l'on craint trop les mauvaises herbes, on peut
semer du trèfle dans ce blé. Le trèfle, qui puise tout
son azote dans l'air, nuit peu au blé et se substitue
aux graminées inférieures et autres mauvaises plantes qu'il étouffe.

On retrouve le trèfle dans le chaume, qu'on fait
passer en hiver, dans la crèche des bestiaux avant
de leur en faire la litière.

Orge, Avoine, Seigle.

Agir comme pour le froment. Cependant, l'avoine
demande un peu moins d'azote et un peu plus de
phosphate.

On peut donner à l'avoine d'hiver, au moment
des semailles 400 kilos d'engrais n° 3, et en mars
200 kilos d'engrais n° 2 en couverture.

Même, si l'avoine vient après un trèfle, une lu-

zerne, ou une vieille prairie qui a laissé beaucoup
d'azote dans le sol, on peut ne donner que l'engrais
n° 3 à la dose de 5 à 600 kilos à l'hectare au moment des semailles.

Colza.

On lui donne l'engrais n° 2, à la dose de 800 kilos
à l'hectare. répandu avant le dernier labour à cause
de la profondeur à laquelle atteignent les racines
du colza.

Au mois de mars, il est bon de donner une couverture de 100 à 150 kilos de sulfate d'ammoniaque,
ensuite de pratiquer un binage en profitant du premier temps sec pour détruire les mauvaises herbes
et mélanger l'engrais à la terre.

Chanvre.

Se sème au printemps dans une terre soigneusement ameublie. Il faut à l'hectare de 800 à 1,000 kilos d'engrais n° 2.

L'épandage doit être fait, moitié avant le dernier
labour et moitié avant le hersage final.

Prairies naturelles.

Les prairies naturelles sont principalement com-
posées de graminées mêlées de quelques légumineuses, surtout de trèfle de diverses variétés.

Si le sol était riche en potasse et pauvre en azote,
ces dernières finiraient par étouffer les graminées
et prendre leur place. En donnant un engrais à do-

minante d'azote, on entretient la supériorité des
graminées et le rendement est toujours considérable. L'engrais se sème à la volée, quand l'herbe
commence à poindre, c'est-à-dire au mois de mars.

Employer l'engrais n° 2, à la dose de 6 à 800 kilos
à l'hectare. L'effet se continue en s'affaiblissant
pendant trois ou quatre ans.

Il est bon de donner 600 kilos la première année
et 500 kilos les années suivantes pour entretenir de
grands rendements.

Un fort coup de herse, donné après l'épandage,
serait très utile pour aérer le pied de l'herbe, y faire
descendre l'engrais, et, au besoin, abattre les taupi-
nières, toujours si gênantes pour le fauchage.

Quand le regain doit être pâturé ou fauché, on
peut en augmenter l'abondance en répandant, aussitôt après la fenaison 400 kilos d'engrais n° 2 à
l'hectare.

Riz, Millet, Houblon, Choux à fourrage.

Ces cultures exigent également l'engrais n° 2 à
la dose moyenne de 800 kilos à l'hectare.

Maïs.

. Si on le cultive pour son grain, il faut lui donner
au moins 800 kilos d'engrais n° 3 à l'hectare.

S'il s'agit d'une culture fourragère, 5 ou 600 kilos
suffisent ordinairement.

Quand on doit butter le maïs semé en lignes, il
est bon de répandre préalablement, en couverture,

2 à 390 kilos du même engrais afin de favoriser l'action des racines adventices.

On obtient alors le maximun de rendement.

Canne à sucre.

Cette culture n'est pratiquable que dans nos colonies et les autres régions plus chaudes que l'Europe.

Elle réclame l'engrais n° 3 à la dose de 1,000 à 1,200 kilos à l'hectare.

Sorgho sucré.

Cette sorte de canne à sucre annuelle qui a le port du maïs, réussit bien en France, surtout dans le Midi. Elle mériterait d'être mieux appréciée, non seulement pour le sucre et l'alcool qu'elle fournit; mais aussi comme fourrage.

Lui appliquer l'engrais n° 3 à la dose de 800 kilós à l'hectare.

Sarrasin.

Cette plante est, comme le seigle, une culture de malheureux qui tend à disparaître de l'alimentation humaine. En France, on n'en mange plus guère que dans la bouillie et la galette traditionnelle des paysans bretons et normands.

Le grain, comme valeur nutritive, est compris entre le foin et le pain de seigle. Il convient beaucoup aux volailles qui en sont très friandes. Sa qualité principale est d'être d'un prompt rapport.

On doit lui donner l'engrais n° 3 à la dose moyenne de 500 kilos à l'hectare.

Vigne.

La vigne étant, pour nous Français, une source nationale de jouissances et de richesses, ne perdons pas de vue ce principe, que sans potasse ce précieux arbuste ne produit pas un seul grain de raisin. La théorie l'enseigne et les champs d'expérience le confirment.

Il lui faut donc beaucoup de potasse, moyennement de phosphate et peu d'azote. Un excès d'azote a tout de suite pour résultat de pousser au développement exagéré des pampres au détriment du fruit.

Il faut donner à la vigne, au moins tous les deux ans, 800 à 1,000 kilos d'engrais complet intensif n° 4.

On le répand à la fin de l'automne, ou en hiver, avant la première façon du sol, afin qu'il soit bien mélangé à la terre et mis à la portée des racines par les façons successives qu'on donnera avant la pousse.

La vigne, comme les arbres fruitiers, doit avoir reçu avant le printemps tout l'engrais sur lequel elle peut compter pour établir son régime végétatif. Tout apport de principes fertilisants après le départ de la végétation des plantes ligneuses en détruit l'équilibre et empêche le bois de s'aoûter.

Si l'on cultive la vigne à la charrue, il faut mettre l'engrais dans le fond des raies, entre les rangées, dès le premier labour après les vendanges.

Si l'on cultive à la bêche ou au pic, comme dans l'Anjou, on jette l'engrais à la surface, uniformément, et l'on travaille comme d'habitude.

On a intérêt, quand on le peut, à enfouir l'engrais de 15 à 20 centimètres sans en laisser à la surface.

afin que les mauvaises herbes ne puissent en profiter.

Ce n'est pas le pied de la souche qui peut absorber les principes de l'engrais, mais bien le chevelu des racines qui tracent et rayonnent au loin, à diverses profondeurs.

Pour cette raison, quand on fume un à un des pieds de vigne ou des arbres fruitiers, on les dégarnit non pas en tirant la terre à soi, mais en la retroussant d'une certaine distance contre le tronc, jusqu'à ce qu'on rencontre les premières petites racines, qu'on prend garde d'endommager. On répand l'engrais dans la fosse circulaire, on ramène un peu de terre qu'on mélange avec l'engrais, et l'on rabat le reste de la terre par-dessus.

Une souche moyenne peut recevoir ainsi 300 grammes ou 6 poignées d'engrais complet n° 4 tous les deux ans.

L'emploi intensif de l'engrais chimique permet de tailler la vigne à très long bois et de multiplier le produit sans affaiblir le cépage.

Quand on établit une culture herbacée dans les vignes dont les rangées sont assez espacées pour l'admettre, il faut avoir soin de choisir une plante qui ne soit pas de même dominante, ni à racines plongeantes, comme la luzerne, qui peut puiser la potasse au même niveau que la vigne.

Pommes de terre.

Exigent l'engrais n° 4 à la dose moyenne de 1,000 kilos à l'hectare.

Quand on plante en raie, on jette l'engrais tout le long de la raie, de manière à le disperser dans le fond. Quand on plante en pochets, on éparpille une petite poignée d'engrais dans le fond du trou, on fait tomber un peu de terre sur lequel on pose le tubercule et l'on recouvre comme d'habitude.

Cette pratique a pour but d'empêcher que la pomme de terre ne soit en contact avec l'engrais pur, qui pourrait brûler les yeux.

Rappelons que le chlorure de potassium doit être proscrit pour les pommes de terre. Il nuit à la formation de la fécule.

Le tubercule de la pomme de terre n'est point une semence. Il doit être considéré comme un rameau en raccourci, gonflé par une réserve de nourriture. dont la plantation constitue un bouturage.

C'est pourquoi, lorsque les pommes de terre sont trop grosses pour être plantées entières, on peut les couper en deux, mais toujours dans le sens de la longueur, jamais transversalement.

Les pommes de terre à manger doivent être tenues à l'abri de la lumière; autrement, elles verdissent.

Il se forme, non seulement de la chlorophylle. mais ausi de la solanine (C^{84} H^{68} Az O^{28}), qui est amère et vénéneuse.

Pois, Haricots, Fèves, Lentilles, Vesces, Lupin.

Toutes ces légumineuses annuelles ont besoin de l'engrais n° 4 à la dose de 800 kilos à l'hectare.

A la rigueur, elles pourraient se passer de matière azotée, ayant la propriété de tirer de l'air tout l'azote qu'elles organisent.

Si l'on veut simplifier, et ne pas sortir des quatre formules principales, on donnera l'engrais complet

n° 4, dont la faible teneur en azote ne peut pas
nuire, et profitera aux cultures suivantes, qui ne
seront pas des légumineuses. Autrement on emploiera l'engrais incomplet n° 4, qui, ne contenant
pas d'azote, coûtera un peu moins cher, pour une
même dose des autres principes.

Quelquefois on fait, en automne, dans les choux
d'un an, surtout les choux branchus de Poitou, une
culture conjuguée, de vesce d'hiver et de seigle.

Au printemps, les choux montent : on les coupe
les premiers, pour faire manger en vert. Ils sont alors
à foison, très tendres, et le tronc, dans le voisinage
de leur ramification, est rempli de moelle succu-
lente. Après les choux se présente la vesce en fleur,
ramée dans le seigle, qui la préserve de la verse.

Ces premiers fourrages frais sont précieux pour
sortir graduellement les bestiaux du régime sec de
l'hiver.

Dans ce cas, en semant la vesce et le seigle, on
devra donner 500 kilos d'engrais n° 4 à l'hectare.

Trèfle, Luzerne, Sainfoin.

Ces légumineuses polyannuelles constituent la
base des prairies artificielles, très usitées aujour-
d'hui, et avec raison. On devra leur appliquer au
moins 800 kilos à l'hectare d'engrais incomplet n° 4,
assez profondément enfoui et bien réparti par les
travaux préparatoires, avant de semer. Ensuite,
pour entretenir un grand rendement, on répandra
en couverture, tous les ans, 400 kilos du même engrais au mois de mars, et 300 kilos après la première
coupe. Faute de l'engrais incomplet, on peut aussi

employer l'engrais complet n° 4, malgré la légère dose d'azote qu'il contient.

L'introduction du trèfle dans la culture a été une innovation des plus heureuses. On peut fort bien intercaler une sole de trèfle entre deux froments, sans nuire au rendement du second froment, et les mauvaises herbes qui ont levé dans le trèfle sont coupées en même temps, avant leur grenaison.

Lin.

Cette plante industrielle exige de 7 à 800 kilos d'engrais n° 4, ou mieux la même quantité d'engrais n° 6 du répertoire, bien mélangé au sol avant de semer.

C'est une des cultures qui met le mieux en évidence la supériorité des engrais chimiques, dont la composition est mobile à volonté, sur le fumier dont la composition est fixe.

Une fumure au fumier seul, pour fournir la quantité de potasse nécessaire, introduit dans le sol trop d'azote. Le lin a la fibre grossière, chargée de chlorophylle, et ne convient pas pour le linge fin et la dentelle. L'engrais n° 4 donne un lin blond doré, à fibre fine, forte, longue et soyeuse, d'une valeur commerciale supérieure.

Tabac.

Employer l'engrais n° 3 du répertoire, à la dose moyenne de 1,000 kilos à l'hectare. Le tabac qui manque de potasse brûle mal. Il faut avoir bien soin de lui fournir la potasse sous forme d'azotate, et ne jamais lui donner d'engrais contenant du chlorure de potassium. Ce sel s'oppose à la combustion du tabac.

Culture par assolements.

Dans ce qui précède. nous n'avons eu égard qu'à la culture à main libre, dont seuls les engrais chimiques permettent l'exercice.

La culture par assolements ou rotations. suivie depuis l'antiquité et imposée par le fumier. donnera des résultats bien supérieurs avec les engrais chimiques, judicieusement employés.

Ici se présentent deux cas : appliquer l'engrais dont le numéro correspond à la dominante de la culture, ou seulement cette dominante, en admettant que la culture précédente a laissé dans le sol les éléments subordonnés en quantité suffisante.

Assolement de deux ans.
Blé, Colza.

Première année : blé. Engrais n° 1, 1,000 kilos.
Deuxième année : colza. Sulfate d'ammoniaque. 200 kilos en couverture au mois de mars.

Assolement de quatre ans.

Première année : chanvre. Engrais n° 2, 1,000 kilos.
Deuxième année : blé. Sulfate d'ammoniaque, 300 kilos en couverture au commencement de mars.
Troisième année : fèves. Engrais n° 4, 800 kilos.
Quatrième année : trèfle. Chlorure de potassium, 200 kilos.

Le système triennal, dont on attribue l'idée aux Romains. est celui qui a rendu le plus de services à l'agriculture. C'est le système qui permet d'interca-

ler une culture sarclée entre deux céréales et ramène le plus souvent la rotation à son point de
départ.

Assolement de trois ans.

Première année : blé. Engrais n° 1, 1,000 kilos.

Deuxième année : betteraves. Engrais n° 2, 800
kilos.

Troisième année : blé, avoine, orge ou seigle, sulfate d'ammoniaque. 300 kilos en couverture au mois
de mars.

Autre assolement de trois ans.

Première année : pommes de terre. Engrais n° 4.
800 kilos.

Deuxième année : colza. Engrais n° 2, 500 kilos.

Troisième année : maïs à fourrage. Engrais n° 3,
400 kilos.

Les rotations plus longues peuvent être dues à
une succession plus nombreuse de cultures variées.

Quand deux cultures de même dominante se suivent, on peut donner économiquement l'engrais
complet à la première et seulement la dominante à
la seconde.

Lorsqu'une légumineuse alterne avec une céréale.
on peut quelquefois supprimer la matière azotée.

Dans la vallée de la Loire. et notamment près de
Saumur, où l'on cultive beaucoup de fèves. l'assolement n'est que de deux ans, parce qu'on fait avantageusement alterner cette légumineuse sarclée avec
le froment. Cet assolement est très économique.
car voici ce qui se passe : Les fèves sont à domi-

nante de potasse et jouissent de la propriété de tirer
de l'air à peu près tout l'azote dont elles ont besoin.
Quand les fèves mûrissent, les feuilles tombent
presque en totalité, et cette précieuse feuillée, enfouie par le labour, fournit une notable quantité
d'azote au blé qui succède. D'autre part, au point
de vue de l'azote dans le sol, la culture de légumineuses équivaut à une année de jachères.

L'engrais n° 4, appliqué tous les deux ans, en semant les fèves, à la dose moyenne de 800 kilos à
l'hectare, suffirait à cette rotation.

Ou encore mieux, comme il suit:

Culture alternante de fèves et de blé.

Première année: fèves. Engrais n° 4, 800 kilos.

. Deuxième année: blé. Engrais n° 2, 400 kilos, en
couverture au mois de mars.

Rotation comprenant blé, navets, pommes de
terre.

Première année: blé. Engrais n° 2, 800 kilos.

Deuxième année: navets. Engrais n° 3, 400 kilos.

Troisième année: pommes de terre. Engrais n° 4,
600 kilos.

Les navets à fourrage se sèment sur le chicot, en
déchaumant, et sont finis de manger en vert au
mois d'avril suivant. Alors les pommes de terre succèdent.

Assolement à fourrage.

Première année: trèfle. Engrais incomplet n° 4,
800 kilos.

. Deuxième année: maïs. Engrais n° 3, 500 kilos.

Troisième année : luzerne. Engrais incomplet n° 4. 600 kilos.

Après ce que nous avons enseigné sur le principe des forces collectives et des dominantes, il est inutile de multiplier davantage les exemples d'assolements.

Avec les engrais chimiques, de système, on n'a plus besoin d'en suivre. L'agriculteur a la main libre pour cultiver ce qu'il veut, où il veut, et quand il veut. Il ne doit s'attacher qu'à choisir les plantes qui, dans les conditions où il se trouve, offrent le plus de profit, en mettant de son côté les avantages locaux et climatologiques.

Il y a quelques années, on croyait que les engrais chimiques devaient être appliqués à haute dose, en une seule fois, pour quatre ou cinq ans, comme on faisait avec le fumier. L'expérience a montré qu'on perdait ainsi l'un des plus grands avantages de ces engrais.

Il vaut mieux donner tous les ans, à chaque culture, l'engrais qui lui convient et rien de plus. Il n'y a pas avance de fonds pour longtemps ; tout est utilisé et rapporte au fur et à mesure.

Division de l'engrais, division de la dépense, remboursement et profit dans l'année même, et par l'emploi d'un engrais bien approprié, l'on tient toujours en main le gouvernail de sa culture.

Engrais chimiques et fumier associés.

Lorsque les animaux nous obligent à faire du fumier, il ne faut pas négliger d'en tirer le meilleur

6.

parti possible. C'est un auxiliaire qui a toujours sa
valeur et qu'on peut compléter avec les engrais chimiques.

Le cultivateur intelligent a soin de conserver au
fumier toutes ses propriétés.

. Il est pénible et révoltant de voir, dans certaines
fermes, des tas de paillis, lavés, lessivés par les
pluies, et dont le purin s'écoule dans la mare aux
canards, ou dans les ornières du chemin, par un
trou fait exprès à travers le mur.

On se dit : que de bien perdu par cette ignorance
native ou ce dédain stupide des conseils de la
science !

Cette paille lavée et séchée au soleil, du moment
que le volume reste, ne les préoccupe pas. Les malheureux ne voient que le tas. Pour eux, c'est du fumier. C'est avec cela qu'ils prétendent manger du
pain et gagner de l'argent.

Le purin, qui contient en dissolution les sels fertilisants, est perdu. Ils ont jeté le vin, et gardé le
marc !

Il se fait dans le fumier deux déperditions qu'il
est facile d'empêcher : celle du jus, ou purin, qu'on
peut recueillir dans un réservoir pour le répandre
sur les terres, et celle de l'azote qui se dégage de la
masse sous la forme gazeuse.

Cette vapeur odorante qui sort du fumier en fermentation est formée d'ammoniaque libre et de
carbonate d'ammoniaque. C'est de l'azote qui s'en
va en compagnie d'autres substances.

Pour y remédier, il suffirait d'arroser légèrement
tous les huit jours le dessus du tas avec de l'eau

contenant en dissolution 1 kilo de sulfate de fer pour 100 litres d'eau. Il y a double décomposition. Il se forme du sulfate d'ammoniaque et du carbonate de fer. L'azote est fixé et ne peut plus se volatiliser.

L'eau aiguisée d'acide sulfurique : 1 litre d'acide pour 100 litres d'eau, offre à peu près les mêmes avantages.

Ces produits sont à très bon marché, faciles à se procurer et à employer, mais il faut en connaître l'utilité, et surtout vouloir s'en servir.

Lorsqu'on associe le fumier aux engrais chimiques, on peut donner une fumure complète de fumier et seulement la dominante en engrais chimiques.

Au delà de 30,000 kilos à l'hectare, le fumier tout seul n'est plus rémunérateur, c'est-à-dire que l'augmentation du rendement ne compense plus la valeur du fumier excédant.

Pour le blé, par exemple, on emploiera :

Fumier, 20,000 kilos, répandu avant les semailles, sulfate d'ammoniaque 200 kilos, en couverture au commencement du printemps.

Mais la meilleure méthode consiste à donner à la fois une demi-fumure de fumier et une demi-dose de l'engrais chimique qui convient à la culture.

Exemple : culture de pommes de terre.

Fumier. . . . . 15,000 kilos.
Engrais nº 4   500   —

Quand on possède d'autres engrais éventuels dont le titre est douteux, comme déchets de laine, poudrette, guano, cendres, etc., on s'en sert comme du

fumier en complétant avec l'engrais chimique, suivant la valeur qu'on leur attribue.

Achat des engrais chimiques

Dans une grande exploitation, où rien ne manque,
ni le personnel ni les capitaux, il est facile de fabriquer les engrais dont on a besoin en achetant les
matières premières isolément, et même en en pro-
duisant quelques-unes, comme le superphosphate.

Dans la moyenne et la petite culture, qui, à elles
deux, constituent les neuf dixièmes de la France agricole, le cultivateur est obligé d'acheter ses engrais
tout faits, ou au moins les matières premières, dont
il n'a plus qu'à faire un simple mélange en se fondant
pour les pesées sur l'étendue et les besoins de la culture qu'il a en vue.

Souvent l'agriculteur ne peut pas plus fabriquer
ses engrais qu'il ne fabrique sa chandelle, son savon
ou ses outils.

Il est obligé d'avoir recours à des hommes spéciaux
dont c'est le métier. Seulement il fera bien de s'armer de connaissances élémentaires et de précautions, pour ne pas se tromper ni se laisser tromper.

Prix actuel des matières premières.
Les 100 kilos.

Superphosphate à. . . . . 15 °/₀ d'acide phosphorique
                                    soluble. . . . . . 14 fr.
Phosphate précipité. . . . 40 °/₀ d'acide phosphorique 25
Chlorure de potassium à. . 50 °/₀ de potasse 27
Azotate de potasse à . . . 44 °/₀ de potasse.⎫
            et . . . 13 °/₀ d'azote . . ⎭ 70

Azotate de soude à . . . . 15 °/₀ d'azote . . . . 33 fr.
Sulfate d'ammoniaque. . . 20 °/₀ d'azote 54
Sulfate de chaux anhydre à 41 °/₀ de chaux pure . . . 2

Dans ces conditions, l'azote vaut, le kilo . 2 fr. 70 cent.
L'acide phosphorique soluble dans l'eau. . 0 35
La potasse provenant de l'azotate 0 80
La chaux pure. 0 05

Il faut avoir soin, quand on achète des engrais composés, de les prendre assez concentrés. Il n'est pas plus avantageux de payer des frais de transport et de main d'œuvre pour une quantité de poudre inerte que pour l'eau qui se trouve dans un vin affaibli.

N'imitons pas ceux qui ne considèrent que la masse et ne trouvent jamais en avoir assez gros pour leur argent. Si l'on veut augmenter le volume d'un engrais chimique, pour en faciliter la répartition ou pour l'affaiblir afin de ne pas brûler certaines plantes, on peut toujours y ajouter, avant de l'employer, une ou deux fois son volume de terre fine, tamisée et bien sèche, ou une autre matière inerte en poudre.

Il ne suffit pas de s'assurer de la quantité d'agents de fertilité contenus dans un engrais qu'on vous livre, il faut encore se rendre compte de la nature des sels qui fournissent ces agents; savoir, par exemple, si à l'azotate de potasse on n'a pas substitué le sulfate de potasse ou le chlorure de potassium, ou bien, comme source d'azote, le nitrate de soude, ou une matière organique au sulfate d'ammoniaque.

Dans ces conditions, un engrais pourrait avoir le même titre à meilleur marché, sans avoir la même valeur agricole. L'engrais chimique s'estime au titre,

comme l'alcool au degré, mais il faut avoir égard à
l'origine du titre, comme on doit s'enquérir si l'alcool provient du vin ou de la betterave.

Aucune marchandise ne se prête mieux à la fraude
que les engrais commerciaux. Aussi on ne se prive
pas d'en user.

Dès qu'il a été connu qu'on pouvait fertiliser la
terre avec autre chose que du fumier, des nuées de
courtiers ont infesté les campagnes, proposant des
engrais de tous les noms et à tous les prix.

Ils ont exploité ce défaut des ignorants, qui veulent en avoir gros pour peu d'argent, sans regarder
au titre.

Ce sont ces malfaiteurs qui, avec la persuasion
insolente dont ils ont le monopole, ont trompé le
cultivateur peu riche et peu instruit, et l'ont dégoûté
pour longtemps de la science, comme de l'emploi
des engrais chimiques.

Les paysans ont refusé d'acheter des engrais de
bon aloi qu'on leur faisait 30 francs les 100 kilos, et
qui valaient 30 francs, pour prendre ceux qu'on leur
faisait 15 francs, mais qui ne valaient que 15 sous.
Une défiance aveugle en est résultée.

C'est que, pour faire un civet, il faut un lièvre, à
moins qu'on ne prenne un chat.

Pour faire une bonne récolte, il faut un bon engrais, à moins qu'on ne prenne celui que ces fripons
savent faire passer comme le chat pour du lièvre.

Mais on ne trompe pas un champ comme on
trompe un brave homme. La culture est incorrup-
tible. Si vous avez failli à son égard, elle vous renvoie
l'injure à la face sous la forme d'un honteux déficit.

D'un autre côté, de prétendus agriculteurs se sont fait expédier des engrais de bonne qualité par des maisons honorables qui n'ont jamais vu la couleur de leur argent.

Entre un mauvais payeur et un voleur, la nuance est quelquefois si mince, qu'il faudrait un fier casuiste pour faire la différence.

Cependant la science n'est pas cause s'il y a des charlatans, le commerce n'est pas cause s'il y a des filous. Pour ramener la confiance, il faut démasquer la fraude et faire briller la vérité.

La fraude, voilà l'ennemi ! De l'instruction et de la bonne foi, voilà le salut!

Lorsqu'on achète les matières premières ou l'engrais tout composé, il faut en exiger la composition et le titre sur facture. Si l'on a des doutes, aussitôt l'avoir reçu, on prélève devant témoins des échantillons qu'on dépose, sous cachet, entre les mains des témoins; on fait analyser dans le plus court délai, et, s'il y a lieu, on poursuit devant la loi, qui est, heureusement, disposée à appuyer le plaignant.

Quand on fait une commande d'engrais composé, le mieux est d'indiquer à la fois le numéro, la quantité et la formule de l'engrais que l'on veut. Exemple :

Engrais complet n° 3 du répertoire :

Superphosphate de chaux. .	40k	Au titre °/₀ de :			
		Az.	PhO⁵.	KO.	CaO.
Azotate de potasse.	30k				
Sulfate de chaux.	30k	4	6	14	19
	100k				

A livrer, soit 4,500 kilos.

Celui qui porte préjudice à l'agriculture est un malfaiteur d'un ordre particulier, qui non seulement fait tort au cultivateur, mais prive la société d'une somme de produits que la culture seule peut fournir, et sur lesquels elle pouvait légitimement compter.

Quand on veut se procurer des engrais chimiques, on doit s'adresser à des marchands d'une probité reconnue, qui ont autant à cœur la propagation du progrès et l'estime de leurs concitoyens que le succès de leur entreprise commerciale. D'ailleurs, ces résultats s'acccompagnent toujours.

On ne doit jamais tromper, mais il ne faut pas non plus se laisser tromper; c'est d'un mauvais exemple.

En affaires commerciales, quand un honnête homme perd de l'argent, c'est plus qu'un malheur, c'est une faute, car il y a toujours à côté de lui un fripon qui en profite.

Petit levier, grande puissance.

Je comparerai la culture, riche et puissante, toujours prête à produire par l'application intelligente des engrais chimiques, à une machine à vapeur établie gratuitement, ne s'usant jamais, alimentée par l'eau du ciel, mise en pression par le soleil, et qu'un léger effort, appliqué à propos peut mettre en mouvement.

Elle est là, cette machine immense, avec ses chaudières colossales. Ses cylindres, boulonnés sous ses flancs, semblent des mamelons gigantesques.

Les pistons qui y plongent sont des colonnes d'acier poli.

Ses bielles semblent des bras cyclopéens, tendus pour tourner l'axe d'un monde.

Son tubage est à l'épreuve des plus hautes pressions : son manomètre accuse 300 atmosphères.

Cette machine porte dans ses flancs, à l'état latent, une force permanente de 300,000 chevaux-vapeur. C'est le béhémoth biblique au repos.

De cette force qui dort partent des arbres de transmission, qui s'étendent au loin, avec leurs milliers de poulies et leurs milliers de courroies, commandant des outils et des métiers de toutes sortes qui n'attendent que le mouvement et la matière première pour produire.

Et, pendant ce temps-là, une tribu de pauvres gens sont auprès de cette machine, occupés à des travaux précaires et suant sang et eau pour obtenir quelques maigres produits.

Cependant, cette machine s'offre à eux. Elle leur appartient, mais ils ne l'apprécient point, ils ne la connaissent même pas.

Les moins ignorants soupçonnent vaguement qu'elle peut recéler quelque chose qui les aiderait dans leur misérable tâche, mais ils rôdent alentour, ne sachant par quel côté y toucher. Tout y est mystère et richesse perdue.

Alors, la Science arrive, la Science à l'œil profond, au pas sûr et tranquille.

Elle pose une main familière sur l'épaule d'un de ces travailleurs, le plus faible, un enfant, et lui dit :

« Tu vois cette machine énorme, elle est toute-

7

puissante. Elle peut créer davantage en un jour que toi en cinquante ans. Eh bien ! si tu veux, sa force est à toi ; elle est à vous tous. Pour en profiter, il n'y a qu'un petit effort intelligent à produire, le reste ne vous coûtera rien, la nature en fait tous les frais. »

Et, sur l'indication de la Science, l'enfant étend son petit bras sur la machine monstrueuse : faible tige de roseau posée sur Léviathan ; il saisit le régulateur, et par un effort de 200 grammes met en mouvement la force formidable de 300,000 chevaux-vapeur !

Eh bien ! sous la conduite de la science agricole, la culture est la machine gratuite, et vous êtes le petit enfant à l'effort intelligent.

Apprenez donc à le produire, cet effort initial, et la nature le multipliera.

Donnez la matière première avec intelligence et la plante la transformera et l'amplifiera, en puisant à des sources gratuites que votre heureux apport lui permettra d'ouvrir.

QUATRIÈME LEÇON

Analyse du sol.

Au commencement de ce siècle, les chimistes croyaient surprendre le secret de la production végétale en analysant la terre.

Humphry Davy. le célèbre chimiste anglais qui découvrit les métaux alcalins par la pile. et inventa la lampe de sûreté des mineurs, fit l'analyse de six terrains. qui passaient pour les plus fertiles d'Angleterre et d'Écosse et avaient la même valeur vénale.

Davy, connaissant la fertilité identique de ces terres, et leur égale réputation, fut très surpris de les trouver toutes de composition différente. Pas une ne se ressemblait comme constitution géologique. Rien de plus disparate que la composition de ces sols, considérablement éloignés les uns des autres et qui jouissaient des mêmes qualités agricoles.

Davy n'y comprit rien et il en conclut que les principes de la formation végétale étaient insaisissables et ne seraient jamais connus.

On disait : Pour constituer une bonne terre, il faut tant pour cent de calcaire, tant pour cent d'ar-

gile. tant pour cent de gravier. et il se trouvait que
des terrains qui réunissaient parfaitement toutes ces
conditions donnaient des résultats différents. tandis
que d'autres. de compositions diverses. donnaient
des rendements identiques.

Des savants français, aussi remarquables par leur
talent que par leur dévouement à l'intérêt national.
ont entrepris les mêmes recherches. y ont épuisé
leur vie et leur fortune sans pouvoir en faire profiter
l'agriculture d'un denier. Ils étaient stupéfaits de ne
pas trouver dans la terre les mêmes principes que
l'analyse leur faisait découvrir dans les plantes.

Quelques-uns, cependant. sentaient bien qu'il y
avait quelque part. non loin d'eux. un trésor caché.
une vérité qui leur échappait. car l'intuition du
génie devance bien souvent les constatations maté-
rielles.

Ils tournaient autour du sanctuaire sans pouvoir
y pénétrer. Il leur manquait. comme dans les contes
orientaux. ce mot sacré. ce *Sésame ouvre-toi*. pour
entrer dans ce temple, où brille comme un soleil.
sur l'autel de la science agricole. le fin mot de la
production végétale.

Or, ce fin mot, le voici : azote, acide phosphorique, potasse et chaux. La terre est fertile parce
qu'elle contient ces quatre corps, à l'état soluble et
assimilable par les plantes.

Quatre millions de kilogrammes de terre représentent la couche cultivée à la surface d'un hectare.
Quand on donne en éléments de fertilité la deux cent
millième partie du poids de la terre. on influence la
culture. Quel est l'analyste assez habile pour isoler

un principe-complexe dont les éléments réunis forment la deux cent millième partie de la masse à analyser?

Ils s'attachaient à la gangue. et la subtile essence, la parcelle infinitésimale de matière utile, passait inaperçue à travers les pores de leur filtre.

Aujourd'hui que les causes de la fertilité sont connues, on n'analyse plus la terre par les procédés de laboratoire, mais bien par les plantes elles-mêmes et par les engrais.

Composition d'un sol cultivé.

Au point de vue agricole, la terre se divise en trois catégories d'éléments:

1° Éléments mécaniques, ou passifs;
2° Éléments assimilables actifs;
3° Éléments assimilables en réserve.

Les éléments mécaniques sont ceux qui constituent la masse pondérale de la terre. C'est l'assise, le point d'appui, généralement composé de sable, calcaire, argile et gravier.

Les éléments assimilables actifs sont ceux qui peuvent concourir immédiatement à la formation des végétaux.

Ils comprennent les 14 corps qui constituent les plantes, et, entre autres, les quatre termes de l'engrais complet : azote, acide phosphorique, potasse et chaux.

Ils comprennent des éléments organiques : humus, ammoniaque, nitrates, et des éléments minéraux solubles.

Les éléments assimilables en réserve sont ceux
qui, n'étant pas encore absorbables par les plantes,
sont susceptibles de le devenir par les réactions naturelles que le temps détermine dans le sol. Ce
sont des détritus organiques et des minéraux indé-
composés.

C'est sur cette transformation annuelle d'une
petite quantité d'éléments du sol en engrais naturels que reposait l'ancien système des jachères.

Les éléments mécaniques sont la matière même
du globe.

Les assimilables en réserve existent partout, plus
ou moins, surtout les minéraux.

Quant aux assimilables actifs, il en est un certain
nombre que la terre la plus pauvre fournit toujours
suffisamment. Nous n'avons qu'à ajouter ceux qui
constituent l'engrais lorsqu'ils font défaut.

Impuissance des analyses de laboratoire.

Quand on veut analyser une terre par les procédés
de laboratoire, on la traite d'abord par l'acide chlorhydrique faible qui dissout tous les assimilables
actifs, puis par l'eau régale qui dissout les assimilables en réserve.

Mais en quoi une pareille analyse peut-elle profiter au cultivateur?

Le chimiste, dans son laboratoire, analyse une
terre et s'en va disant : Cette terre est riche.

La végétation répond : Non, cette terre n'est pas
riche. Vous avez à votre disposition des agents d'une

énergie extraordinaire, qui dissolvent tout, les métaux, les cailloux et les pierres réfractaires, tandis
que moi je n'ai que de l'eau pour prendre en dissolution les éléments de ma nourriture.

Ainsi, le témoignage de la végétation ne con-
corde jamais avec l'analyse chimique du sol.

Est-ce à dire que je veuille proscrire les analyses
de laboratoire ? Jamais. Elles ont rendu trop de services en leur lieu, et celui qui veut faire analyser
sa terre est libre.

Si vous avez de l'argent à perdre, vous pouvez
satisfaire cette curiosité, faites analyser votre terre.
Vous saurez combien elle contient d'éléments en
réserve, qui seront peut-être solubles dans cinquante ans, cent ans, mille ans.

Mais, en matière de fertilité présente, ces analyses
n'expliquent absolument rien.

L'analyse du sol ne peut être faite avec certitude
qu'au moyen des végétaux eux-mêmes. On a com-
mencé par le nier, comme on fait pour toute notion
nouvelle qui choque des intérêts privés et des préjugés ; mais aujourd'hui le fait est acquis, et il n'y
a plus moyen de controverser.

Les roches mères, intactes, possèdent les assimilables en réserve. Le granit est une source de potasse. Le feld-spath est un silicate complexe, contenant de la silice, de la soude, de la potasse et de
l'acide phosphorique.

Le chimiste y trouve tous ces corps pour ses
réactifs ; ils n'y sont pas pour les plantes.

Les matières actives ne sont qu'une portion infinitésimale de la masse du sol, et la terre arable

d'un hectare est évaluée à quatre millions de kilogrammes !

C'est pour avoir confondu les assimilables en réserve avec les assimilables actifs, que les chimistes, comme sir Humphry Davy et Berthier, ne s'expliquaient pas pourquoi des terres de constitution différente avaient une fertilité identique.

Les éléments mécaniques ou constituants du sol peuvent en effet varier dans une amplitude considérable sans affecter le rendement, tandis que le moindre changement dans les éléments actifs modifie la fertilité de la terre.

Le chimiste opère dans des conditions qui n'ont rien de commun avec les moyens dont la végétation dispose.

Il ne peut définir les fonctions des constituants du sol, tandis que, pénétré des vérités de la méthode nouvelle, le dernier venu ira sûrement, sans études difficiles, sans perte de temps ni d'argent, vers la prospérité que les anciens avaient entrevue.

Citons un exemple emprunté au champ d'expériences de Vincennes.

Nous avons dit que la couche de terre productive, supposée de 20 centimètres d'épaisseur pèse quatre millions de kilogrammes à l'hectare.

A Vincennes, avec l'analyse de laboratoire, on trouve :

Acide phosphorique 1,792k,00
Potasse 2.301, 00
Chaux. 39.363, 00
Magnésie 4,312, 00

Quatre récoltes consécutives de froment enlèvent
à cette terre :

Acide phosphorique	71ᵏ,00
Potasse	116. 00
Chaux	68, 00
Magnésie	34, 00

et la terre se trouve épuisée. Méditez et concluez
vous-mêmes.

Il est évident que la plante n'ayant que l'eau pour
s'emparer des éléments de fertilité, ne prend que
ceux qui sont solubles dans ce véhicule, et ne profite
pas des éléments en réserve que l'analyse à l'acide
chlorhydrique avait décelé.

Il est absolument impossible de se diriger dans
la culture en analysant la terre. A cet effet, la chimie
est impuissante. Souvent des terres s'équivalent,
c'est la pratique qui le dit. L'analyse chimique ne
peut rien préciser en ce sens.

Analyse du sol par les plantes.

Pour reconnaître l'état d'un sol à la seule inspection des plantes, il suffit de nous souvenir de la loi
des forces collectives et de la loi des dominantes,
que nous avons étudiées précédemment.

Si le terrain, au moment où je le considère, est
déjà couvert de cultures, et surtout de cultures variées, cela suffit. Ces cultures me parlent et ne peuvent pas me tromper.

Elles me disent ce qu'il y a dans le sol et ce qu'il
n'y a pas ; les éléments de fertilité que la terre pos-

7.

sède et ceux qu'il faut lui donner. Chaque espèce de plante se dresse devant moi comme une sentinelle avancée qui m'avertit de la qualité du sol sur lequel elle est posée.

Me rappelant la loi des dominantes, je dis, par exemple :

Terre où le blé prospère, où les pois ne réussissent pas : riche en azote, pauvre en potasse. Donnez de la potasse comme engrais.

Terre où les pois viennent bien, où le froment est chétif : riche en potasse, pauvre en azote. Donnez de la matière azotée.

Terre où les pois et le blé viennent également bien, mais où le maïs et le rutabaga sont médiocres : riche en potasse et en azote, pauvre en acide phosphorique. Donnez des phosphates.

Si les légumineuses, le froment et le maïs prospèrent également, c'est que le sol est pourvu des quatre termes de l'engrais complet : azote, acide phosphorique, potasse et chaux. Si toutes ces cultures sont mauvaises, c'est que la terre manque de tous les agents de la fertilité.

Deux cultures de même dominante, mais dont l'une est à racines profondes et l'autre à racines superficielles, permettent de reconnaître la répartition de l'engrais dans le sol. Exemple :

Où le froment réussit, la betterave ne vient pas : c'est que tout l'azote est à la surface.

Où la betterave est magnifique, le froment est chétif : c'est que tout l'azote est dans la couche profonde.

Si la vigne prospère souvent dans un sol dont la

surface est aride, c'est que ses racines vont puiser
la potasse et l'humidité à des profondeurs où aucune
plante herbacée ne saurait atteindre.

Si l'on est en présence d'une terre couverte de
culture, la reconnaissance se fait immédiatement.
Les mauvaises herbes même, si l'on a observé leur
dominante, peuvent donner des indications. Mais si
la terre est nue, il faut en faire l'analyse, toujours
par les plantes, puisqu'il n'y a que celle-là qui soit
à la portée de tous et qui ait de la valeur.

Si l'on veut se contenter de la reconnaissance la
plus élémentaire, qui dans la pratique est souvent
suffisante, on prend une bande de terre de quelques
mètres superficiels, qu'on divise en trois parties
égales, comme l'indique le plan suivant :

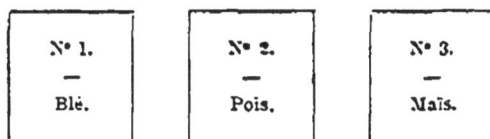

N° 1. — Blé.	N° 2. — Pois.	N° 3. — Maïs.

On ensemence ces trois parcelles, la première en
blé, la deuxième en pois et la troisième en maïs.
C'est un petit champ d'expériences dont l'expression
va révéler l'état du champ principal dont il fait partie.

On attend la végétation à se développer, et de sa
physionomie on tire les conclusions suivantes :

Si les trois cultures ne valent rien, c'est que la
terre est stérile ou épuisée. Elle ne contient aucun
des éléments de la fertilité, il faut lui donner l'en-

grais complet, quel que soit l'assolement qu'on veuille
y établir.

Si les trois cultures sont bonnes, c'est que le sol
est pourvu de l'engrais complet. Il est prêt à recevoir n'importe quelle nature de plante et fournira
un rendement avantageux.

Voilà pour les indications extrêmes. Voyons pour
les intermédiaires.

Si c'est le blé seulement qui est bon, c'est que la
terre est riche en matière azotée et pauvre en phosphate et en potasse.

Si les pois seuls sont vigoureux, c'est la potasse
qui prédomine dans le sol.

Enfin, si le maïs seul a prospéré, c'est que le sol
est riche en phosphate et manque d'azote et de potasse.

Cette expérience, la plus simple, nous avertit déjà
de l'état du sol, et nous savons à quoi nous en tenir
pour une culture déterminée. Nous avons mis à contribution la loi des dominantes fondée sur l'action
prépondérante qu'exercent tour à tour l'azote, l'acide
phosphorique et la potasse sur diverses catégories
de végétaux.

Nous avons un autre moyen, encore plus puissant,
qui repose à la fois sur ce principe des dominantes
et sur la loi des forces collectives.

C'est l'analyse du sol par les plantes, avec l'aide
des engrais.

Analyse à l'aide des engrais.

Sur son terrain, on dispose quatre parcelles égales et numérotées.

N° 1. — Engrais complet.	N° 2. — Engrais minéral sans azote.	N° 3. — Engrais azoté sans minéraux.	N° 4. — Terre sans aucun engrais.

A la première parcelle on donne l'engrais complet, soit : engrais n° 2, 120 grammes par mètre carré ; à la deuxième, l'engrais minéral sans matière azotée : à la troisième, la matière azotée sans minéraux ; et à la quatrième on ne donne aucun engrais.

Ces quatre parcelles ayant reçu le même travail préparatoire, on les ensemence en blé, et l'on attend le moment de la récolte.

Soyez tranquille, le blé va parler, et parler si haut que le pire des sourds, celui qui ne veut pas entendre, entendra quand même.

Parcelle n° 1. Engrais complet. Le blé est magnifique, c'est immanquable.

Parcelle n° 2. Engrais minéral sans azote. Si le blé est bon, c'est que la terre contenait de l'azote précédemment. S'il est mauvais, c'est que le sol est privé de matière azotée.

Parcelle n° 3. Engrais azoté sans minéraux. Si le blé est bien venu, c'est que le sol est pourvu de minéraux. S'il est défectueux, c'est que les minéraux font défaut dans le sol.

Parcelle n° 4. Terre sans aucun engrais. Cette parcelle nous indique l'état naturel du sol. Si le blé est chétif, la terre ne possède aucun élément de fertilité. Si le blé est bon, c'est que le sol est déjà très riche de tous les principes fertilisants. L'engrais complet donné à la parcelle n° 1 est superflu. C'est un gaspillage dont il faut se garder pour le reste du terrain. La parcelle n° 1 et celle n° 4 se contrôlent mutuellement.

Précision absolue de ces analyses.

L'analyse du sol par les plantes semble tout d'abord une méthode de praticien, sans base scientifique. Cependant il n'est rien au monde de plus précis ni de plus délicat.

Cette analyse est cent fois plus sûre que les analyses de laboratoire.

Les plantes sont les analystes les plus sensibles. et ce n'est que de leur témoignage que nous devons tenir compte. La science ne peut définir la terre sous le rapport des intérêts pratiques.

Nous avons dit que les végétaux sont les plus subtiles analystes. Exemple :

L'argile est une composition de silice et d'alumine. Les plantes absorbent énormément de silice, mais jamais un atome d'aluminium n'a été trouvé dans un végétal.

Autre exemple :

La soude et la potasse sont presque toujours réunies dans la nature. Ce sont comme deux corps jumeaux, qui s'accompagnent partout. Il faut être excellent chimiste et bien outillé pour les distinguer et les séparer. Les plantes font immédiatement la distinction.

Un deux cent millième de principe fertilisant relativement au poids de la terre est accusé par la végétation.

En analysant le sol par les plantes, on se rend compte directement de leurs besoins et l'on suit un chemin dont toute espèce d'incertitude se trouve bannie.

Utilité des champs d'expérience.

Un agriculteur qui exploite un domaine sans établir au moins un petit champ d'expériences de quelques mètres carrés, ressemble à un marin qui prendrait la mer sans boussole et qui naviguerait par routine, au hasard, sans relever son point de temps en temps pour savoir où il se trouve et diriger sa marche.

Ce serait un triste marin, et vous ne voudriez pas vous confier à sa garantie; de même que l'autre est un misérable cultivateur, qui travaille sans principe et sans ordre, exposé à toutes sortes de mécomptes.

Le premier soin d'un fermier intelligent doit être de prendre, dans une place qui représente le type moyen de la constitution de sa terre, un espace de quelques mètres, divisé en plusieurs parcelles séparées par un sentier de circulation.

Voici le modèle d'un petit champ d'expériences pour l'analyse par les plantes seules :

N° 1.	N° 2.	N° 3.
—	—	—
Blé.	Pois.	Maïs.

N° 4.	N° 5.	N° 6.
—	—	—
Betteraves.	Luzerne.	Navets.

Ce petit espace est divisé en six parties égales. La première est ensemencée en blé, la deuxième en pois, la troisième en maïs, la quatrième en betteraves, la cinquième en luzerne, la sixième en navets.

Le témoignage de ce petit champ peut déjà renseigner avec précision sur l'état général du sol. Le blé, les pois et le maïs indiquent la richesse de la surface en acide phosphorique, potasse et azote.

Les plantes dont la dominante correspond, et qui sont à racines profondes : betteraves, luzerne et navets, nous disent comment le sous-sol est pourvu de ces matières.

Nous rappelant la loi des forces collectives et la loi des dominantes, qui sont connexes, nous tenons le raisonnement suivant :

Si toutes les cultures sont bonnes, c'est que les quatre termes de l'engrais complet sont également répartis dans toute la couche productive. Nous pouvons lui confier n'importe quelle nature de plantes, sans donner aucun engrais, à moins que ce ne soit la dominante pour obtenir un rendement surabondant.

Si toutes les cultures sont mauvaises, notre con-

duite est toute tracée. Quoi que nous cultivions, il
faut donner l'engrais complet.

Les indications intermédiaires sont également si-
gnificatives. Le blé indique la présence ou l'absence
de l'azote à la surface. La betterave, qui est à dominante d'azote, comme le blé, mais à racine pivo-
tante, fait connaître s'il y a, ou non, de l'azote dans
la couche profonde.

Les pois indiquent la présence ou l'absence de la
potasse à la surface. La luzerne indique la présence
ou l'absence de la potasse dans le sous-sol.

Le maïs ou, dans le Nord, le sarrasin, indique si
la surface est pourvue ou non d'acide phosphorique, et le navet, surtout le navet long, nous dit s'il
y a, ou non, de l'acide phosphorique au-dessous de
la couche superficielle.

Deux parcelles seulement, d'un mètre carré chacune, ensemencées l'une en pois, l'autre en blé,
suffisent déjà pour déceler l'azote et la potasse.

L'antagonisme des légumineuses et des céréales
nous indique déjà sommairement la fertilité du sol.

N° 1.	N° 2.
—	—
Blé.	Pois.

C'est le plus élémentaire des champs d'expériences. On peut l'établir dans le plus petit coin de
terre, et même dans une simple caisse à fleurs rem-
plie de la terre qu'on veut analyser.

Le champ d'expériences avec les engrais est sans

contredit le plus démonstratif. Il peut servir à deux
fins : à l'analyse du sol et à l'enseignement. C'est
celui qu'il est urgent d'annexer à toute école primaire rurale.

Un are peut suffire pour instituer le champ d'expériences suivant. Il est formé de sept parcelles de
10 mètres carrés chacune.

N° 1.	N° 2.	N° 3.	N° 4.
Fumier de ferme.	Engrais complet.	Engrais sans azote.	Engrais sans phosphate.
Blé.	Blé.	Blé.	Blé.
Pois.	Pois.	Pois.	Pois.
Maïs.	Maïs.	Maïs.	Maïs.

N° 5.	N° 6.	N° 7.
Engrais sans potasse.	Engrais sans chaux.	Terre sans engrais.
Blé.	Blé.	Blé.
Pois.	Pois.	Pois.
Maïs.	Maïs.	Maïs.

On peut ne cultiver qu'une seule nature de plantes
sur toutes les parcelles : mais, pour multiplier les
expériences, chaque parcelle peut encore être divisée en deux ou trois portions, comme il est indiqué.
pour y cultiver des plantes de dominante différente.
ou à racines plus ou moins profondes.

Au lieu de blé. pois. maïs, on peut adopter chanvre, trèfle, sarrasin ou colza, pomme de terre, navets.

Parcelle n° 1. Reçoit 10 kilos de fumier de ferme.

Parcelle n° 2. Engrais complet, 1 kilogramme
ainsi composé :

Sulfate d'ammoniaque.	177	grammes.
Superphosphate de chaux . . .	334	—
Azotate de potasse	114	—
Sulfate de chaux anhydre . . .	375	—
	1,000	—

Parcelle n° 3. Engrais sans azote, 809 grammes.

Superphosphate de chaux. . .	334	grammes.
Chlorure de potassium.	100	—
Sulfate de chaux anhydre . . .	375	—
	809	—

Parcelle n° 4. Engrais sans phosphate. 868 gramm.

Sulfate d'ammoniaque.	177	grammes.
Azotate de potasse	114	—
Sulfate de chaux anhydre . . .	577	—
	868	—

Parcelle n° 5. Engrais sans potasse, 959 grammes.

Sulfate d'ammoniaque.	250	grammes.
Superphosphate de chaux. . .	334	—
Sulfate de chaux anhydre . . .	375	—
	959	—

Parcelle n° 6. Engrais sans chaux. 391 grammes.

Sulfate d'ammoniaque.	177 grammes.
Phosphate de soude cristallisé .	100 —
Azotate de potasse	114 —
	391 —

Pour la composition de l'engrais sans chaux, on peut prendre, comme source d'acide phosphorique, le phosphate de chaux précipité, qui est plus économique ; mais, comme il ne s'agit que d'une petite quantité, nous préférons le phosphate de soude, qui n'introduit pas de calcaire dans l'expérience. Il contient 50 0/0 d'acide phosphorique.

La parcelle n° 7 est façonnée et ensemencée en même temps que les autres, mais ne reçoit aucun engrais.

Toutes ces parcelles doivent être travaillées et ensemencées en saison, comme les champs. Les engrais doivent être répandus avant de semer ou de planter, et soigneusement mélangés à la couche de terre qu'occuperont les racines, comme dans la culture en grand.

Un champ d'expériences bien compris est le manomètre de la fertilité de la terre.

Il n'y a, du reste, rien d'absolu dans les proportions qu'il doit avoir, ni dans l'espèce de plantes à cultiver.

Il suffit de se conformer aux lois des dominantes, et des forces collectives qui s'affirment également par des cultures diverses.

Quand il s'agit de démonstrations aux élèves, il est bon d'établir son champ d'expériences sur le terrain le plus stérile possible, afin de rendre plus évidents la supériorité des engrais chimiques et les témoignages de la végétation.

Le champ d'expériences de Vincennes.

Le champ d'expériences le plus complet du monde et le père de tous les autres est celui de Vincennes.

Il a été fondé en 1859 par les soins du gouvernement, et en 1860, M. Georges Ville y faisait la première récolte.

Il renferme environ 4 hectares, y compris l'emplacement des bâtiments de service, de l'exposition des produits et de la salle où M. Georges Ville fait, en juin et juillet, ses conférences théoriques et pratiques.

Ces conférences, publiques et gratuites, qui sont affichées à l'avance dans Paris et la banlieue sur grandes affiches blanches, comme enseignement de l'État, et annoncées par les journaux, réunissent chaque année, au champ de Vincennes, pendant six dimanches consécutifs, l'élite du monde agricole, les hommes d'État qui s'intéressent aux progrès de la culture, et des savants distingués, venus exprès des divers points du globe.

C'est qu'un professeur incomparable est là, comme le grand prêtre dans son temple.

M. Georges Ville explique les lois de la production végétale qu'il a découvertes, la doctrine des engrais chimiques qu'il a fondée, et l'auditoire n'a qu'à regarder dans le champ pour voir la culture confirmer chaque point théorique défini par l'orateur.

Jamais la vérité scientifique ne fut servie par une présentation plus persuasive.

Sans compter la science exacte, qui n'appartient qu'à notre époque, depuis l'auteur sublime des *Géorgiques*, dans l'enseignement du noble exercice de l'agriculture, jamais la fibre humaine n'a vibré à d'aussi fiers accents!

Le champ d'expériences de Vincennes est divisé par bandes coupées elles-mêmes en parcelles d'un are chacune.

Chaque bande est consacrée à la culture de la même plante, qui présente graduellement des caractères différents suivant l'engrais donné aux diverses parcelles.

Une pancarte, placée en tête de chaque parcelle, indique la nature de la culture et l'engrais qu'elle a reçu.

Les expériences portent sur les principales plantes industrielles et alimentaires : froment, orge, avoine, colza, chanvre, betteraves, pommes de terre, pois, maïs, prairie, vigne et arbres fruitiers.

Suivons le professeur décrivant, par exemple, la bande consacrée au chanvre :

Avec l'engrais minéral sans azote, le chanvre est jaune, mince et court. Sa hauteur, en juillet, ne dépasse pas 70 centimètres.

Avec l'azote sans minéraux, le chanvre est un peu meilleur; il atteint 80 centimètres et sa couleur est plus verte. La chlorophylle est mieux formée. Néanmoins, la culture reste précaire.

Avec les minéraux et 40 kilos d'azote à l'hectare, la culture est déjà belle, le chanvre est assez vert. Sa hauteur atteint 1^m,50.

Avec les minéraux et 80 kilos d'azote, c'est l'engrais complet; le chanvre est de toute beauté. Sa
hauteur moyenne est de 2 mètres.

Avec les minéraux et 100 kilos d'azote, le rôle de
la dominante apparaît; c'est la culture intensive.
Le chanvre est gros, droit, d'un vert foncé. Sa hauteur à la récolte peut dépasser 3 mètres.

Terre sans aucun engrais. La chute est si profonde
qu'à vingt pas on dirait que la terre n'a pas été
ensemencée. Après cette muraille de verdure de
3 mètres de hauteur, on voit par terre quelques
brindilles d'herbe chétive qu'il faut regarder de près
pour reconnaître du chanvre. C'est saisissant. Voilà
l'état du sol naturel.

Quand on a vu ces merveilles, il n'y a plus de
doute possible. Tout s'éclaire, tout s'explique. On
connaît les causes de la production végétale, les
sources du profit agricole, et l'on est gagné pour la
vie à la doctrine des engrais chimiques.

Examine-t-on les pommes de terre? le champ de
Vincennes vous démontre que plus la dose de potasse augmente, plus les tubercules sont sains et
abondants. Sans potasse, la pomme de terre a des
feuilles d'un vert bleuâtre qui se dessèchent dès le
mois de juillet. Les tubercules sont rares, petits et
malades.

Pour la vigne, c'est encore plus important. Point
de potasse, point de raisin : la résorption de la sève
a lieu dès le mois de juillet, et les feuilles se dessèchent. Avec l'engrais complet, la vigne est verte,
riche en bois de taille, et chargée de fruits.

En portant la dominante potasse à 100 kilos à

l'hectare. on obtient le plus puissant développement
que ce précieux arbuste puisse atteindre. et la plupart des ceps sont chargés de quinze à vingt raisins
énormes.

La première chose qu'un ignorant qui a envie de
bien faire. mais qui a écouté les propos des sots.
vous demande est celle-ci : Est-ce que les engrais
chimiques n'épuisent pas la terre ?

Venez donc voir, bonnes gens. comment les engrais
chimiques. au lieu d'épuiser la terre, régénèrent
immédiatement la terre épuisée.

On vous montrera. au champ de Vincennes. des
terres qui depuis sa fondation ont été ensemencées
tous les ans. sans recevoir un atome d'engrais d'aucune sorte, afin de les amener au dernier degré d'é-
puisement. On leur donne l'engrais chimique complet. et, d'un seul coup. cette base inerte devient
fertile et rapporte 40 hectolitres de blé à l'hectare !

On y remarque aussi des parcelles qui. depuis dix
ans ne produisent que du blé. et toujours aussi
abondamment. pour démontrer qu'à part les mauvaises herbes que la continuité de cette culture favorise, cette plante, comme les autres, peut toujours
prospérer dans le même terrain. si on lui fournit, par
les engrais chimiques, la nourriture qu'elle exige.

Avec les engrais chimiques. la culture est absolument libre: on n'est astreint à aucune rotation.

La terre est une table. les engrais sont des aliments. les végétaux sont des convives. Du moment
que vous garnirez la table suivant les besoins des
convives.que vous y installerez. ils y trouveront leur
compte et vous payeront bien.

Quelques regards jetés sur un champ d'expériences enseignent mieux les principales notions de la production végétale que de longues explications purement orales. Les plantes font elles-mêmes la leçon de la façon la plus convaincante, et l'esprit reste pénétré de ce que les yeux ont vu.

Familiarisé avec les affirmations d'un champ d'expériences, vous pouvez analyser la terre en vous promenant, sans la toucher. C'est un phare dont la clarté vous suit partout.

Si vous parcourez la campagne, soit en chemin de fer, soit en voiture, soit à pied, tout vous apparaît lumineusement expliqué. Non seulement chaque culture, mais chaque plante vous parle. Vous lisez à livre ouvert ce que la nature écrit. Les plantes se présentent devant vous comme des individus à caractères spéciaux, comme des sondeurs qui révèlent par leur physionomie l'état du sol sur lequel ils sont posés.

La lumière d'un champ d'expériences guident vos manœuvres sur toute l'étendue de votre exploitation. Quelques poignées d'engrais analyseurs judicieusement jetées dans le champ principal, la seule inspection d'une plante venue spontanément, et dont la dominante est connue, suffisent souvent à l'œil exercé pour reconnaître l'état de fertilité de la terre.

Les Sentences du champ de Vincennes.

« La plante fonctionne comme une machine.
« La terre est l'assise qui la supporte.

8

« L'engrais, la matière première transformée par
« la machine.

« Le soleil, le foyer qui anime tout le système.

Ainsi parlent les apophthegmes qui sont inscrits
à l'Exposition des produits et résultats du champ
d'expériences de Vincennes. Expliquons-les sommairement :

1° *La plante fonctionne comme une machine.*

En effet, la plante, en se développant, accumule
dans son sein des matières vénales. Elle élabore
des produits utiles qui feront l'objet des transactions
commerciales, qui seront cotés à la Bourse, et qui
peut-être feront la paix ou la guerre entre les
nations.

Les matériaux qu'elle met en œuvre acquièrent,
par son fait, un perfectionnement et une plus-value
extrêmement considérables.

Nous la comparerons, pour le moment, au métier
à la Jacquard perfectionné, à qui l'on donnerait
d'un côté la soie grège, et qui de l'autre vous la
rendrait à l'état de tissu précieux.

2° *La terre est l'assise qui la supporte.*

La terre n'est qu'un point d'appui, un réceptacle
passif de la matière première que la machine transforme.

Qu'une terre soit fertile ou stérile, aux yeux de la
science actuelle, ce n'est qu'une question d'amendement et d'engrais. Si elle est fertile, tant mieux,
c'est une provision d'un moment dont on doit tenir
compte pour ce qu'elle vaut. Trois ou quatre récoltes

consécutives l'auront épuisée. Si elle ne l'est pas,
on connaît ce qui lui manque, il faut le lui donner.

Table servie ou table vide. L'importance du cas
ne va pas plus loin.

La terre est la base sur laquelle le mécanisme
végétal va se développer et produire. Pourvu qu'il
y pleuve et qu'il y fasse du soleil, vous pouvez répondre de n'importe quelle terre. Assurez-y ce que
la machine réclame, et elle fonctionnera profitablement.

3° *L'engrais est la matière première transformée
par la machine.*

Voilà le point essentiel. Il ne faut jamais cultiver
sans fournir à la terre tout ce que la culture doit y
trouver.

Une machine ne doit pas fonctionner à vide. Les
plantes doivent rencontrer dans le sol leur nourriture préparée avec intelligence, et en quantité suffisante pour prendre tout le développement dont elles
sont susceptibles. Le profit est à ces conditions.

C'est déjà dit, c'est répété, il faut le ressasser.
Les idées nouvelles, en matière d'agriculture, sont
comme des clous sur lesquels il faut frapper plusieurs fois pour les faire entrer dans les esprits :
Point d'engrais, point de récolte. Peu d'engrais, peu
de récolte; point de profit.

Beaucoup d'engrais, beaucoup de récolte; profits
énormes. Ceci se prouve à volonté.

Que l'on récolte ou qu'on ne récolte pas, le loyer
de la terre, les impôts sont les mêmes, les labours,
les frais de semence sont les mêmes. On ne gagne

pas d'argent, si l'on ne provoque pas de forts rendements.

Les rendements qu'on peut obtenir avec le fumier sont limités. C'est une matière première insuffisante et incomplète. Le fumier, par sa composition invariable, la lenteur de son action, et la difficulté de son application ne peut pas se prêter aux exigences des différentes cultures telles que la science nous les révèle. Par conséquent, si l'on veut avoir des bénéfices, il faut fumer chimiquement et intensivement.

Quand vous semez un grain de blé, si vous mettez dans la sphère d'activité de cette graine la somme d'engrais nécessaire, représentée par un. la nature ajoute dix. qui ne vous coûtent rien. La terre, l'air et l'eau de la pluie fournissent le complément. Voilà la source du profit.

Mais il faut la donner, cette unité qui dépend de vous, et qui seule peut provoquer l'apport des dix autres.

Une molécule d'azote qui manque au blé l'empêche de se développer. La molécule! notre esprit la conçoit, mais nos mains ne la touchent pas; tandis que la plante aspire à la saisir. C'est pour elle une question de vie ou de mort.

Donnez-la sous forme de sulfate d'ammoniaque ou de nitrate de soude. cette molécule d'azote qui manquait. et aussitôt, comme le verre d'un télescope amplifie l'image des objets, elle amplifie matériellement l'apparition de la récolte.

Une dose infinitésimale de principe actif commande comme à d'humbles esclaves aux éléments

de l'air et de la pluie qui viennent se grouper autour
d'elle et lui font cortège à son entrée dans la vie
organique.

L'engrais n'est pas la représentation exacte de la
végétation, mais une valeur d'appoint. C'est la cause
déterminante de l'abondance des produits végétaux,
aux dépens de richesses naturelles qui ne nous coûtent rien.

En donnant peu, on obtient beaucoup, mais ce
peu n'a de valeur effective que s'il est donné avec
intelligence, en se conformant aux lois de la nature
que la science nous fait connaître.

Tous les ans, la saison chaude vient graduellement s'offrir à nous, avec ses effervescences printa-
nières, ses brises caressantes, son soleil fortifiant,
ses pluies désaltérantes. La nature est toujours
fidèle à son programme, elle ne demande qu'à produire. Les sources de la vie coulent pour tous les
êtres.

Mais, si l'homme n'a pas rempli sa mission, si ses
cultures sont privées de cet appoint précieux que les
engrais doivent fournir; s'il n'a rien fait pour soustraire les végétaux à ce rôle famélique de Tantale,
l'ardent soleil aura lui, l'air passera et continuera
de rouler dans l'espace, les pluies tomberont, et s'en
iront entretenir les cours d'eau sans rien laisser
entre ses mains des trésors de vie et de richesses
que les plantes étaient susceptibles de capter.

La machine a fonctionné à vide, faute de matière
première.

8.

4° Le soleil est le foyer qui anime tout le système.

Comme nous l'avons expliqué dans la première leçon, le soleil est la source unique des forces vives qui déterminent la combinaison des éléments au sein des êtres organisés.

C'est le soleil qui fait monter les eaux en nuages, courir le vent, mûrir les récoltes et vivre l'homme. Tout ce qui croît, tout ce qui se meut, tout ce qui chauffe, tout ce qui éclaire, tout ce qui se combine, le doit au soleil. La terre lui doit son mouvement, et sa vie, et la vie de ses productions.

Toute la force emmagasinée dans les machines à vapeur, dans les appareils électriques, dans les arsenaux, dans les canons, dans les muscles des hommes et des animaux, dans le carbone de la houille et dans le carbone des plantes provient du soleil.

De sorte que la vie, sous ses multiples aspects, n'est que la manifestation harmonisée de la force que cet astre nous envoie sous forme de chaleur et de lumière.

Les végétaux sont les récepteurs et les répartiteurs de la force vitale que le soleil déverse sur la terre.

C'est le soleil qui fixe les principes de l'existence dans les récoltes, et c'est cette force solaire mise en réserve que nos aliments nous cèdent tous les jours et en toute saison.

L'homme travaille et s'agite pendant l'hiver, tandis que le végétal sommeille. Pourquoi? parce que, justement, il dépense l'activité solaire que les récoltes ont accumulée pendant l'été.

Son estomac défait ce que la plante a fait, et la

puissance vitale qu'elle contenait à l'état latent passe dans son organisme.

Il mange et digère en tous temps, tandis que la culture n'absorbe et n'accumule que sous l'action immédiate de la chaleur estivale.

Un kilogramme de pain représente une force énorme pour la machine humaine, et quand nous buvons un verre de vin, nous pouvons dire que nous savourons les rayons du soleil sous la forme la plus suave et la plus confortable dont il puisse doter l'agriculture française.

Par un beau jour d'été, aux ardeurs de midi, quand la campagne, comme une mosaïque vivante, étale à perte de vue l'infinie variété de ses cultures, l'atmosphère échauffée ondule et semble vibrer devant nos yeux éblouis.

Tout ce qui se meut, tout ce qui respire, alangui et sans voix, cherche l'ombre et le frais.

Seule dans ce grand silence, l'alouette monte comme une flèche dans l'azur du ciel et fait retentir l'air de ses trilles mélodieux, tandis que la cigale, cachée derrière une feuille, importune le voisinage de son cri strident.

Tout brille, tout resplendit dans ces superbes campagnes, et le firmament bleu couvre ce beau séjour comme une coupole de saphir posée sur un trésor.

Voilà la vraie richesse et la vraie magnificence!

Alors, le soleil, comme un foyer incommensurable, embrase l'étendue. Il dore, il chauffe avec amour ces riches moissons qui vont mûrir.

Avec la majesté tranquille d'une force illimitée,

sans secousse et sans bruit, par milliards de chevaux-vapeur, l'activité solaire descend sur la végétation universelle.

Elle descend, mais ne remonte pas. Elle est absorbée, fixée, incorporée. C'est une valeur acquise à la terre et à ses habitants.

CINQUIEME LEÇON

L'humus.

On a cru pendant longtemps, et quelques personnes croient encore, que l'humus est indispensable à la fertilité de la terre. Chimère, niaiserie, inexpérience !

Ceux qui croient de bonne foi à la nécessité de l'humus et s'imaginent l'avoir constatée, s'appuient sur un semblant de réalité. Ils confondent avec cette matière des restes de fumier ou de terreau non épuisé dont l'action est évidente. Ce n'est pas l'humus vrai qu'on entend quand on en dénonce l'inertie.

Qu'est-ce que l'humus ?

C'est un résidu de matière organique carbonisée lentement au contact de l'oxygène.

Toute substance organisée est détruite par la combustion, lente ou violente.

C'est l'oxygène de l'air qui, en se combinant avec l'hydrogène, l'azote et le carbone, finit par avoir raison de tout organisme dont la vie est partie, et rend aux éléments engagés leur liberté primitive.

Le feu, dans ce cas, est l'*ultima ratio*, la dernière raison de la nature. C'est l'antique symbole de la

purification régénératrice, et comprenons bien que ce
qui a été composé ne saurait finir plus dignement.

Lorsque, sur un champ de bataille, la mort ou la
trahison va livrer nos drapeaux à l'ennemi, nous les
brûlons.

Il n'y a que le feu qui puisse nous enlever, sans
les souiller, ces tissus chéris, emblèmes sacrés de la
patrie.

Quand une matière organique se brûle spontanément dans le sol, l'azote et l'hydrogène s'en vont
les premiers sous forme d'ammoniaque. Lorsque
tout l'azote est parti, un peu d'hydrogène restant se
combine encore avec l'oxygène pour former de
l'eau, puis reste le carbone qui est brûlé lentement
et d'une façon inapparente par l'oxygène de l'air
pour former de l'acide carbonique.

Le départ de l'azote, de l'hydrogène et de l'oxygène laisse le carbone à nu, noir comme un charbon
qu'il est.

Ce carbone, en voie de combustion, qui rend la
terre humide et noire, c'est l'humus.

On peut comparer la décomposition des détritus
végétaux en humus à la décomposition du sucre en
caramel.

Si l'on chauffe un morceau de sucre dans une
cuiller d'argent, on le voit bouillonner, puis noircir.
Une certaine quantité d'hydrogène et d'oxygène a
été chassée par la chaleur, et le carbone, dépouillé
de ces éléments comme d'une robe qui lui donnait
sa blancheur, paraît noir ; il s'est formé du caramel.

La formule du sucre est : $C^{12} H^{11} O^{11}$.
La formule du caramel est : $C^{24} H^{18} O^{18}$.

On voit que c'est l'élément carbone qui est devenu dominant dans la matière.

Si l'on pousse l'opération plus loin. le carbone se dépouille de plus en plus, et finit par rester seul à l'état de charbon pur et insoluble.

C'est ainsi que de la tourbe, qui contient encore de la matière organique, au graphite, qui est entièrement minéralisé. il n'y a qu'une question de perte d'oxygène et d'hydrogène.

L'humus a pour origine la cellulose même des végétaux à laquelle une sorte de combustion spontanée fait perdre une certaine quantité d'hydrogène et d'oxygène.

Les deux formules suivantes mettent parfaitement en relief le mode de génération de l'humus.

Cellulose : $C^{24} H^{20} O^{20}$.
Humus : $C^{24} H^9 O^9$.

Pour dissoudre une partie d'humus il faut 2,500 parties d'eau. Il est soluble dans une dissolution de potasse ou de chaux ; il se forme alors de l'humate de chaux ou de potasse.

L'humus a servi d'explication à tout ce qu'on ne comprenait pas en matière de fertilité. Cependant il ne possède par lui-même aucun principe fertilisant, si nous admettons que les principes fertilisants sont ceux qui, du sol, peuvent passer directement dans les végétaux pour concourir à leur formation.

Il a pourtant quelques qualités indirectes que. de bonne foi, nous devons lui reconnaître.

En brûlant au contact de l'oxygène de l'air. il dégage de l'acide carbonique qui favorise la dissolu-

tion des calcaires du sol. C'est pour la même raison
que le fumier mêlé à la marne amène la dissolution
du carbonate de chaux en le transformant en bicar-
bonate.

Il jouit également de la propriété de fixer l'ammoniaque, et, dans sa combustion spontanée, il
brûle l'ammoniaque qu'il a fixée $(Az\ H^3)$ et forme
de l'acide azotique $(Az\ O^5)$ qui peut donner naissance
à des azotates solubles et assimilables par la végétation.

L'humus conserve l'humidité. 100 parties d'humus peuvent fixer 190 parties d'eau et garder ainsi
la fraîcheur à la disposition des plantes pendant la
sécheresse.

Ce sont là des qualités productives indirectes.
L'humus tout seul est à peu près aussi inerte que
le sable calciné ou le charbon pulvérisé. Il peut
servir d'amendement, mais ne tient jamais lieu
d'engrais.

L'argile.

L'argile, qui se trouve plus ou moins dans toutes
les terres, jouit de toutes les propriétés de l'humus.

Comme lui elle fixe l'ammoniaque, comme lui elle
retient l'eau. 100 parties d'argile retiennent de 75 à
100 parties d'eau. De plus, elle agit comme ciment
et sert à souder légèrement les particules des sols
arénacés.

L'argile est un silicate d'alumine provenant de la
désagrégation des roches feldspathiques.

Le feldspath est une pierre d'origine éruptive, for-

mée de silice, d'alumine et de potasse. Au contact
de l'air, l'acide carbonique s'unit à la potasse pour
former un carbonate soluble que l'eau entraîne,
tandis que l'alumine et la silice restent combinés
et constituent l'argile.

Quand l'argile est pure, c'est le kaolin ou terre à
porcelaine. Sa formule est alors : $Al^2 O^3$, $Si O^3$. $2 HO$,
mais le plus souvent, elle est souillée par des oxydes
métalliques et autres matières étrangères.

L'argile pure ou kaolin, dont la Chine est si riche-
ment pourvue, est assez rare en France. Il en existe
un beau gisement, peu connu, sur le coteau de
Saint-Florent, près Saumur, dans un lieu nommé
Terrefort. Cette argile est d'une blancheur de lait, et
pourrait être exploitée avantageusement pour la cé-
ramique fine.

Tous les sels dissous sont absorbés par l'argile,
qui a même une tendance à les retenir. C'est pourquoi, la première fois qu'on donne des engrais chimiques à une terre argileuse, on doit forcer un peu
la dose, car l'argile commencera par se saturer
d'une certaine quantité avant d'en céder à la végétation.

Il n'en est pas de même d'une terre sablonneuse
où l'engrais passe rapidement et en entier dans les
plantes.

Délayez un morceau d'argile dans du jus de fumier, le liquide est décoloré et l'argile s'empare
d'une partie de l'ammoniaque et des sels qu'il contenait. Ensuite, si l'on délaye l'argile dans l'eau de
pluie ou l'eau distillée, elle lui cède les principes
fertilisants dont elle s'était emparée.

Cette propriété que possède l'argile de retenir les sels fertilisant est précieuse dans plusieurs cas, surtout dans l'irrigation, que nous appellerons *per ascensum,* c'est-à-dire de bas en haut, et qui se produit naturellement dans les grandes vallées, comme celle de la Loire, et dans beaucoup de basses plaines.

Pendant l'hiver et au printemps, la nappe d'eau sous-jacente s'élève à travers le sol et monte souvent jusqu'à fleur de terre. Alors cette eau apporte à la surface les sels fertilisants qu'elle a dissous dans les profondeurs. L'argile s'en empare, les garde, et l'eau, venant à baisser, redescend à vide pour remonter la fois suivante, chargée de nouveaux sels.

C'est un apport gratuit, qui gisait sans emploi dans le fond de la terre, hors de la portée des racines, et qui, grâce à l'argile superficielle, reste à la disposition de la culture.

Le sable et l'argile forment la meilleure association pour la composition du sol. Les molécules terreuses sont soudées, mais suffisamment perméables à l'eau et aux racines.

En ajoutant le calcaire on a le terrain que les anciens regardaient comme le plus parfait pour la culture.

Culture extensive, active et intensive.

Trois sortes de cultures se partagent le sol : la culture extensive, la culture active et la culture intensive.

La culture extensive est celle qui compte sur une grande étendue de terrain pour obtenir des rendements relativement faibles. Elle n'emploie pas de capitaux, mais elle n'offre aucun bénéfice. Son rendement en blé ne dépasse guère 12 hectolitres à l'hectare. C'est un gaspillage du sol qui ne devrait plus avoir lieu en France.

Ce genre de culture était général autrefois, lorsque la société était moins condensée qu'aujourd'hui, et encore entachée de barbarie.

Le paysan, espèce de bétail à face humaine, comme le désigne La Bruyère, cultivait les champs de son seigneur et maître et la terre produisait toujours assez pour garnir la table des rares heureux qui se partageaient la fortune publique.

Aussi, la famine venait-elle souvent décimer la population inférieure, qui ne trouvait à manger que de l'herbe bouillie soustraite à la pâture des bestiaux.

En Amérique, la culture extensive se pratique en ce moment avec bénéfice pour des raisons spéciales.

D'abord, on fait usage de moyens mécaniques puissants et perfectionnés : charrues à vapeur, moissonneuses, batteuses, etc. L'étendue des exploitations permet en général l'évolution de ces grands appareils.

Ensuite, la population est encore peu nombreuse relativement à l'immense étendue d'une terre vierge et d'une très grande fertilité native.

Mais ces conditions vont s'user et l'Amérique tombera comme notre vieux continent dans la nécessité d'une production plus concentrée.

Laissez la faire, l'Amérique ! Elle est en train de dépenser sa dot agricole, c'est-à-dire la somme d'éléments de fertilité que la nature a déposés une fois pour toutes dans son sol vierge.

Sa population s'accroît du double dans vingt ans. Ses récoltes se succèdent et passent les mers, deux causes d'épuisement du sol à bref délai.

La culture active emploie quelques capitaux et laisse un peu de bénéfices. C'est le système inauguré vers 1850.

Son rendement en blé est de 14 à 15 hectolitres à l'hectare.

Dans 30 départements, la récolte est de 18 hectol. à l'hectare.
— 13 — — 15 —
— 46 — — 11 —
89 départements.

Moyenne : 14 hectolitres.

Ce résultat nous rend tributaires de l'étranger. C'est une honte.

La France ne produit plus pour ses besoins. L'importation des produits agricoles surpasse l'exportation. Disons ce que nous voudrons, ce fait nous est imposé, c'est la statistique qui le prouve.

Il faut en ce moment à la France 110 millions d'hectolitres de blé par an, elle n'en produit que 80 millions.

Alors, la France ouvre sa bourse à l'Amérique et lui dit : Voici de l'or, envoyez-moi du blé.

L'agriculteur français dit au capitaliste : Aidez-moi, je vous aiderai. Nous gagnerons tous deux, et les avantages de nos transactions ne sortiront pas de la patrie. Mais Plutus est comme l'Amour, un frénétique, aux yeux bandés, qui va risquer ses valeurs dans des spéculations étrangères, où le patriotisme est inconnu, et que la déception terminera.

Et pendant ce temps-là, le vieux monde, haletant, crie au nouveau, à travers l'Océan : Donnez-moi des vivres, j'en manque !

Les capitaux qui roulent dans les jeux de Bourse sont improductifs. Ils roulent dans un cercle vicieux, et ne font que changer de mains, sans rien ajouter à la somme de valeurs dont l'humanité dispose.

Pour augmenter le capital existant, il faut le mettre en contact avec une source de productions. Or, l'agriculture nationale est la principale source digne des capitalistes.

La culture ne multiplie pas les capitaux engagés, comme certaines spéculations financières, mais elle est plus sûre. C'est qu'en agriculture, tout est équilibré. Le gain d'un cultivateur provient d'une création d'éléments nouveaux, qui ne s'est pas effectuée au détriment de quelqu'un. Au point de vue du capital général, c'est une valeur effective et non fictive, comme celle qui résulte d'une opération de banque.

La culture intensive est celle qui emploie le plus de capitaux et qui rapporte les plus gros bénéfices. Elle s'applique à faire produire au sol la plus grande quantité possible dans le moins d'espace possible. C'est la plus rémunératrice, la plus belle, et la moins pénible. C'est la culture générale de l'avenir, dès aujourd'hui nécessaire dans toute la France. Elle n'est praticable qu'avec l'aide des engrais chimiques. Son rendement en blé varie de 30 à 40 hectolitres à l'hectare.

Notre agriculture se sauvera par l'emploi des

engrais chimiques et la propagation de la science
agricole.

Quand on cultive avec intensité, plus on dépense
par hectare cultivé, moins on se trouve avoir dépensé
par hectolitre récolté. Plus les frais sont répartis sur
un grand nombre d'unités, plus chaque unité revient
à bon marché, comme l'indique le tableau suivant :

Culture intensive en France

D'APRÈS M. GEORGES VILLE.

Pour un hectare de blé.

Loyer de la terre..	120 fr.	»
Préparation de la terre et semence. . .	150	»
Engrais.	200	»
Récolte et battage..	80	»
Transport	22	50
Intérêt et amortissement.	100	»
Frais généraux et impôts	100	»
Imprévus.	20	»
Total..	792 fr.	50

A déduire 3,000 kil. de paille, à 60 fr. les
1,000 kil. . . . . 180 fr. »

Reste.. . . . . . . 612 fr. 50

La récolte de grain, petite ou grande, revient donc
à 612 fr. 50. Ce qui fait :

Pour 25 hectolitres. Prix de l'hectolitre. .	24 fr.	50
— 30 — — . .	20	40
— 35 — — . .	17	50
— 40 — — . .	15	30

Ne courons pas après les hectares.

Le paysan a cette passion, de rechercher l'étendue du terrain. A peine a-t-il acheté un champ qu'il en convoite un autre sans se préoccuper de cultiver intensivement ce qu'il possède déjà.

Il se figure que plus il étend ses droits sur une grande surface, fût-elle stérile, plus il devient riche et important.

Il veut de l'étendue, il veut de la masse.

C'est large et profond, dit-il, et je peux creuser tant que je voudrai, c'est toujours à moi!

Il pousse l'amour de la terre jusqu'au culte.

Rien n'est exagéré dans l'histoire de ce paysan qui, voyant la mer pour la première fois, au lieu de s'extasier devant l'étendue imposante de l'Océan, murmurait tristement : Que de terrain perdu!

Q'on aille donc, après cela, lui parler de communisme et essayer de partager son lopin!

Sa fourche de fer en sautera dans ses mains, et son fusil s'en décrochera tout seul de sa vieille cheminée.

En droit, il a raison. Toute tentative contre sa possession le mettrait dans le cas de légitime défense.

L'homme des champs a encore des travers qui choquent les citadins, parce qu'il a été opprimé, et que sa position l'a tenu jusqu'ici privé des bienfaits d'une instruction convenable, mais le fond de son caractère est toujours la bonté hospitalière, la droiture du cœur et le mépris de la fatigue.

C'est lui qui garde à travers les âges la tradition

des fiers Gaulois. Sa métairie confine à leurs dol-
mens ; ses usages gardent le reflet de leur civilisation rudimentaire, et aux heures solennelles, quand
s'agitent les grandes destinées de la patrie, il semble
que le génie de la vieille Gaule sorte de sous la
pierre antique pour exalter son cœur.

Le paysan français relevé par l'instruction, c'est
l'esprit national incarné. Il est spirituel, galant,
généreux et hardi.

Quand tous les paysans sauront lire et cultive-
ront suivant les données de la science, une ère de
bien-être jusqu'alors inconnue sera l'apanage de
notre pays. Il sera riche par sa production, aimé
pour son caractère et respecté pour sa puissance.
Car n'oublions pas ce vieux dicton : La vie des
champs prépare à la vie des camps, et la terre qui a
le plus de charrues pour la fendre peut avoir le plus
de canons pour la défendre.

La France comporte 50 millions d'hectares divisés
en 140 millions de parcelles appartenant à 5 millions de propriétaires.

La grande culture occupe un septième du sol. Les
six autres sont occupés par la moyenne et la petite
culture, qui comprennent environ 26 millions d'habitants, répartis sur une étendue de 32.172.000
hectares. En somme, la population agricole forme les
deux tiers de la nation.

En Angleterre, à cause du droit d'aînesse, le sol
reste entre les mains de 320,000 propriétaires seulement.

La constitution qui protège et favorise la division
du sol est essentiellement démocratique. Le ren-

dement extraordinaire du sol français dépend de la masse de travail déployé par la petite culture sur chaque lopin et cette petite culture qui souvent est obligée d'acheter son fumier, ou de s'en passer, parce qu'elle manque de bétail, puisera une vitalité prodigieuse dans l'emploi des engrais chimiques.

C'est surtout à elle qu'il faut prêcher la doctrine. Quand elle l'aura pratiquée une fois, ce sera pour toujours.

Qu'il vaut bien mieux n'avoir qu'un petit domaine, bien façonné, bien fumé aux engrais chimiques. seuls ou mélangés au fumier si l'on en a: facile à parcourir, demandant moins de semence. rapportant un rendement énorme, qu'une grande étendue qu'on est impuissant à faire valoir, parce qu'elle divise les forces. et que les capitaux, comme le personnel sont limités.

Dans beaucoup de contrées, le paysan préfère encore s'exténuer, et traîner du matin au soir ses malheureux sabots sur un grand espace sans vitalité que de concentrer ses moyens sur une étendue proportionnée.

De cette façon, où deux cultivateurs instruits pourraient vivre heureux, un seul, ignorant et orgueilleux, vit précairement. et prive par sa faute la consommation d'une quantité de produits sur lesquels elle était en droit de compter.

Les récoltes qui, sur un espace circonscrit, ne sont pas abondantes, ne sont pas des récoltes profitables.

Si vous avez plus de terrain que vous ne pouvez en cultiver activement, faites plutôt des jachères en

9.

attendant. C'est un mauvais moyen, mais, entre deux
maux, il faut choisir le moindre.

On doit s'attacher à déployer un effort. grand
quant à la perfection du travail, petit quant à la
surface.

Un cultivateur dont la famille comprend le père, la
mère et deux enfants quittes de l'école ; qui emploie
une paire de bœufs de trait et un cheval, ou deux
paires de bœufs, et entretient 4 vaches laitières,
6 porcs et une basse-cour garnie, ne peut pas faire
valoir profitablement plus de 12 hectares; encore
sera-t-il obligé de s'adjoindre deux ou trois journa-
liers dans les cas pressants.

Mais aussi, son travail peut être bien fait, et son
bénéfice relativement considérable, car il est placé
dans les meilleurs conditions.

Il travaille avec ses gens, il se met à table avec
eux, il les entraine par son exemple ; tout s'exécute
par lui ou devant lui. Il ne sait pas ce que c'est que
les trahisons et les défaillances d'un personnel inférieur abandonné à lui-même. que comporte les
grandes propriétés.

En agriculture, il ne faut pas être pressé. On doit
s'arranger de manière à mettre d'accord ses moyens
d'action et l'opportunité des travaux.

Ni précipitation ni violence! La culture ne les
comporte pas.

Le calme et l'intelligence sont seuls tout puissants
pour faire de bonne besogne. La nature agit ainsi
pour produire des récoltes, l'homme doit se modeler
sur elle pour les diriger et les recueillir.

L'agriculteur qui s'inspire des nouvelles données

de la science n'est plus le paria de l'ancien régime :
il peut enfin mener une vie sociable, fréquenter ses
concitoyens, aller dans les grandes villes pour ses
marchés, ses études, et aussi ses agréments : car
l'homme ne vit pas seulement de pain, et celui qui
produit a droit, tout le premier, aux jouissances
légitimes de la vie.

Pendant le répit que lui laisse la culture, il n'a
pas besoin de se tourmenter comme un industriel
hors de son atelier. Il se dit : J'ai là-bas 7.000 chevaux-vapeur par hectare ou 56,000 ouvriers inappa-
rents, à qui j'ai tracé la besogne à temps voulu et
qui travaillent pour moi.

Indépendamment de l'application des engrais, le
travail mécanique du sol a aussi son importance.
On doit labourer assez profondément pour que les
racines puissent descendre dans la terre remuée,
s'étendre facilement et braver la sécheresse superficielle.

Toute terre de grande culture demande, en
moyenne, quatre labours par an, puis l'emploi du
rouleau, de la herse, du râteau, etc. Une charrue à
trois colliers ou deux paires de bœufs ne peut pas
labourer plus d'un demi-hectare par jour. Une paire
de bœufs seule, si la terre est compacte, ne laboure
pas assez avant. Le labour à cheval va très vite,
mais il faut que la terre soit légère. Dans les terres
fortes, le cheval, qui n'a pas le pied fourchu comme
le bœuf, se pique et ne peut pas s'en tirer.

Il est ainsi une foule de faits d'observation pratique
que le passé nous a légués, et qu'il ne faut pas mé-
connaître.

Qu'un homme du monde veuille s'adonner à l'agriculture, s'il est riche tant mieux, car les capitaux commenceront par lui fondre dans les mains comme du beurre au soleil.

Cependant, s'il est intelligent, et qu'un petit livre comme celui-ci tombe sous ses yeux, l'expérience pratique et la science aidant, il pourra redresser ses erreurs, recupérer les pertes passées et marcher à grands pas dans la voie des bénéfices.

D'autre part, son exemple aura servi à ceux qui l'auront observé.

L'illusion est comme la neige sur la surface d'un gouffre. L'ignorant marche dessus, s'enfonce et se débat. S'il s'en retire publiquement, il en sauve beaucoup d'autres.

Un bon cultivateur s'attache énergiquement à purger sa terre des mauvaises herbes.

Pour 1,000 kilos de charbon que la mauvaise herbe emprunte à l'air, 1,000 chevaux-vapeur refoulent dans le sol les éléments de production de la bonne récolte.

Les coquelicots, les bluets, les renoncules, qui croissent dans les blés, sont des plantes extrèmement épuisantes.

En poésie, c'est charmant, mais dans la pratique c'est un fléau.

Encore, s'il n'y avait que ces gracieux parasites ! Mais il en est qui nuisent même mécaniquement, et d'une manière sérieuse, comme le chiendent, les liserons, les ronces, et surtout les affreux chardons, qui commencent par vous dévorer les mains quand on moissonne à la faucille.

Toute mauvaise herbe est graine de famine, comme tout voleur est larve d'assassin. Extirpez radicalement ce que vous en trouverez et n'en laissez pas se développer d'autre. Sarclez ferme et souvent. Où vous avez ensemencé bon, il ne doit pousser que bon.

Une culture sale est comme une nation sale.

Un voisin querelleur et besoigneux peut venir vous dire : Votre mauvaise herbe me gêne. Puisque vous ne pouvez en venir à bout, je vais la sarcler moi-même.

Il détruit un peu de mauvais, beaucoup de bon, exige de l'argent pour sa besogne et garde une partie du terrain.

L'œuf et la graine.

Un œuf est une graine animale, comme une graine est un œuf végétal. Tous deux possèdent également ces facultés primordiales : la reproductivité de l'espèce et l'hérédité des caractères.

Composition comparée de l'œuf et de la graine d'après M. Georges Ville.

Œuf.	Graine.
Albumine.	Albumine.
Matières grasses.	Matières grasses.
Sucre de lait.	Amidon, dextrine.
Glucose.	Congénères du sucre. .
Soufre, phosphore.	Soufre, phosphore.
Sels divers.	Sels divers.
Eau, 65 à 90 %.	Eau, 10 à 12 %.

Le parallélisme entre l'œuf et la graine se soutient jusqu'à l'éclosion.

Quand on dépose une graine dans la terre humide,
à une faible distance de la surface et par une température comprise entre 5 et 40 degrés, l'eau la pénètre
par endosmose et par capillarité, en attendrit les
téguments, en gonfle les tissus, l'oxygène de l'air in-
tervient et la vie, qui gisait à l'état latent dans cette
graine, profite de ces conditions pour diriger une succession de phénomènes chimiques dont résultera une
plante semblable à celle qui a produit la semence.

L'oxygène de l'air brûle le carbone de la graine
et produit de la chaleur, avec dégagement d'acide carbonique. Alors il se forme, aux dépens de la fibrine,
une substance blanche, azotée, nommée diastase, qui
a la propriété de convertir l'amidon en glucose, en
lui associant deux molécules d'eau empruntées au
milieu ambiant.

Cette glucose laiteuse se transforme à son tour en
cellulose, qui constitue la trame de tous les tissus
végétaux.

L'azote et les phosphates, accumulés près de l'em-
bryon, entrent également en fonction. Les cellules
embryonnaires se divisent et se subdivisent. Le
carbone de la matière grasse continue de brûler au
dépens de l'oxygène, et cette combustion fournit la
chaleur nécessaire à l'activité chimique. Cette chaleur atteint de 30 à 34 degrés, comme on peut le
constater par l'orge germée dans les brasseries.

Dans sa première évolution, la plante vit d'abord
aux dépens du cotylédon, lobe unique ou double qui
forme la masse principale des graines qui nous occupent.

Le cotylédon est comme un biberon nourricier,

que la plante mère a déposé dans le berceau de son
enfant, avant de s'en détacher. Quand il est épuisé,
le petit végétal est assez fort pour vivre par lui-même.
Sa racine s'enfonce dans la terre, pour le consolider
et sucer l'aliment minéral, tandis que sa tige s'é-
lève dans l'air et multiplie à proportion l'étendue de
ses organes respiratoires.

Dans l'œuf, la transformation suit la même marche
avec cette différence que la graine a besoin d'un apport d'eau et fabrique elle-même sa chaleur, tandis
que l'œuf, pour éclore, contient l'eau nécessaire,
mais réclame un apport de chaleur étrangère.

F. Selmi a découvert dans l'albumine d'œuf un
principe diastasique saccharifiant, qui rapproche
l'œuf de la graine végétale en germination et explique
pourquoi le jaune d'œuf contient de l'amidon et
l'albumine, du sucre.

Un œuf de poule, étant soumis pendant 21 jours
à une température de 38 à 40 degrés, à l'abri de la
lumière, la matière transitoire de l'œuf se transforme
en substance animale. Le poulet sort de sa coquille
et manifeste immédiatement sa vitalité par le mouvement et la manducation.

Mais alors des contrastes surviennent. Une dis-
semblance profonde s'accuse entre les deux êtres.
La plante, favorisée par la chaleur solaire, tire du
sol et de l'air ses aliments à l'état inorganique et les
organise elle-même, tandis que l'animal produit
lui-même sa propre chaleur, en brûlant dans son intérieur le carbone que sa nourriture lui livre.

L'animal mange le végétal. Il absorbe des éléments
tout organisés, il les élabore, les concentre, et les

transforme en sa propre substance. De sorte que la
constitution animale n'est que la résultante des matières et des activités préalablement organisées par la
végétation.

Production de la viande.

L'alimentation d'autrefois ne suffirait plus à
l'homme d'aujourd'hui. pour cette raison. que. de
nos jours, l'homme travaille mieux et davantage
qu'autrefois.

L'homme a besoin d'une nourriture réparatrice
proportionnée à la somme d'activité qu'il dépense.

L'exercice intensif de l'intelligence exige une dépense de force nerveuse plus épuisante que le travail
musculaire seul. Il ne faut pas douter que l'activité
cérébrale, mise en jeu par l'instruction et la civilisation, use plus que le travail machinal des anciens.

Que faut-il à l'homme pour bien se nourrir? Du
pain, du vin, de la viande et des fruits.

Avec ces quatre éléments principaux. on a la base
d'une nourriture bien équilibrée, à laquelle viennent
s'ajouter une multitude de comestibles secondaires
pour l'agrément de notre palais et le délassement de
notre estomac.

C'est surtout la proportion de la viande qui est
augmentée dans la nourriture actuelle ; de sorte que
le cultivateur a souvent plus d'intérêt à faire de la
viande qu'à faire du grain.

Aujourd'hui le bétail est le point culminant de la
question agricole. Il s'agit de donner une plus-value
aux produits du sol en les transformant en viande
par l'intermédiaire des animaux.

Il est, pour la nourriture du bétail, des règles fixes, comme pour la nourriture des plantes. Nous répéterons pour les animaux ce que nous avons dit pour les cultures : ayez-en plutôt moins et nourrissez-les mieux. Les chances de maladie et de perte sont moins grandes sur un petit nombre bien nourris que sur un grand nombre nourris précairement, et le bénéfice n'est assuré que pour la viande d'excellente qualité.

Les quatorze éléments de la production végétale sont absolument les mêmes dans la production animale. Il ne pourrait en être autrement, puisque la nutrition animale ne peut procéder que de la substance végétale.

L'albumine, la caséine, la fibrine sont des principes immédiats nourrissants, communs aux animaux et aux végétaux, et d'une composition élémentaire identique. Tous trois sont formés de carbone, hydrogène, oxygène et azote, en proportions à peu près égales dans l'un et l'autre règne. Prenons pour exemple la fibrine :

	Carbone.	Hydrogène.	Oxygène.	Azote.
Fibrine animale. .	52,8	7,0	23,7	15,8
Fibrine végétale. .	53,2	7,0	23,4	16,0

Seulement les animaux sont des concentrateurs de ces principes immédiats, c'est-à-dire que dans un poids donné de viande ils sont plus abondants que dans un même poids de substance végétale.

La vie animale pour s'entretenir exige deux éléments principaux: du carbone et de l'azote.

Le carbone est l'élément respiratoire ou combustible.

Il est brûlé par l'oxygène de l'air qu'aspirent les poumons, et de sa combustion résultent de la chaleur et de l'acide carbonique. C'est cette combustion qui entretient l'activité dans la machine animale.

L'azote est l'élément plastique réparateur. Il passe d'abord de la nouriture dans la composition du sang, et, charrié par ce liquide, il reconstitue la substance musculaire, à mesure qu'elle s'use par l'exercice de la vie. C'est le principe nourrissant qui nous coûte le plus cher.

Les végétaux contiennent plus de carbone et la viande plus d'azote, mais, en combinant les deux, on peut obtenir une ration parfaitement appropriée aux besoins de l'homme. Exemple :

Il faut à un homme adulte, de taille moyenne, qui se livre à un exercice modéré 300 grammes de carbone et 20 grammes d'azote par jour. Or, un kilogramme de pain contient déjà les 300 grammes de carbone, plus 10 grammes d'azote. Pour compléter les 20 grammes de cette dernière substance, on ajoutera 330 grammes de viande sans os ni graisse, qui contiennent en effet 10 grammes d'azote, et aussi 32 grammes de carbone qui sont en excès dans la ration, mais ne peuvent pas nuire.

De la composition chimique de la viande on conclut de la composition que doit avoir la nourriture des animaux.

Si l'on donne aux bestiaux une nourriture incomplète, ou mal composée, comme beaucoup de cultivateurs pauvres ou ignorants le font encore, ils ne prospèreront pas plus que les végétaux qui ont reçu des engrais insuffisants.

La ration d'un animal doit être proportionnée à sa taille, quant au poids et au volume, et renfermer, à l'état digestible et en quantité convenable, des matières albuminoïdes, des matières grasses, des hydrates de carbone et des sels.

La nature nous donne l'exemple par le moyen du lait.

Le lait est le type des aliments complets, c'est la nourriture du premier âge, il contient les deux dominantes : matière protéique ou albuminoïde et hydrate de carbone. Il contient aussi des matières grasses et des minéraux, éléments subordonnés que toute nourriture, animale ou humaine doit contenir sous peine d'être incomplète.

Composition moyenne du lait de vache (1).

(Eau, 87 pour 100 ; matières solides, 13 pour 100.)

Caséine, ou matière albuminoïde. . . .	3,60
Beurre, ou matière grasse.	4,03
Sucre de lait, ou hydrate de carbone . .	5,50
Sels divers, ou minéraux	0,40

Les sels sont ainsi composés :

Phosphate de chaux	0,231
— de magnésie.	0,042
— de fer.	0,007
Chlorure de potassium	0,144
— de sodium.	0,124
Soude, bicarbonate.	0,042

Pour que le lait jouisse de toutes ses propriétés nourrissantes, il faut d'abord qu'il soit pur, c'est-à-dire

(1) M. G. Ville.

sans addition d'eau, ensuite qu'il soit entier, c'est-
à-dire qu'aucune de ses parties constituantes n'ait
été supprimée. Le lait écrémé, par exemple, n'est
plus un aliment complet.

Voici une expérience rapportée par l'illustre professeur du champ de Vincennes. Elle a été faite sur
trois veaux, qui, au début, donnaient chacun 100 kilos de poids vif. L'expérience dura une semaine.

1er veau : Lait écrémé, augmentation . . .   5 kilos.
2me veau : Lait et petit lait 12   —
3me veau : Lait et crème. 22   —

Pour que les animaux s'assimilent bien toute leur
nourriture, la matière albuminoïde ou protéique
doit être trois fois le poids de la matière grasse, et
l'hydrate de carbone doit être cinq fois le poids de
la matière albuminoïde.

Soit :

Matière grasse   1
Matière albuminoïde   3
Hydrate de carbone. 15

Le bœuf de trait et la vache laitière exigent par
jour, de cette nourriture, 2 à 2,50 pour 100 de leur
poids.

Le bœuf à l'engrais exige 3 pour 100. Pour le porc
à l'engrais, il faut jusqu'à 4 pour 100.

Le porc est l'animal qui possède la plus grande
puissance d'assimilation et qui s'engraisse le plus
facilement pourvu que sa nourriture contienne les
éléments d'une ration complète.

Un bœuf à l'engrais, nourri d'après ces principes,

qui sont ceux des meilleurs éleveurs, peut augmenter
de 1,800 grammes par jour.

Le lait écrémé manque de matière grasse. La
pomme de terre fournit beaucoup d'hydrate de carbone par sa fécule, mais manque de matière grasse,
et d'albuminoïdes. La betterave, la carotte, les fourrages verts, sont des aliments incomplets. Pour les
compléter, il suffirait d'y ajouter de la farine de
fèves, d'orge ou de maïs.

Sait-on que la fève est plus azotée que la viande
même ? Elle contient 30 pour 100 de matière azotée
et 40 pour 100 de carbone.

La valeur nutritive du froment étant représentée
par 66, celle de la viande de bœuf l'est par 80, celle
des fèves par 89 et celle de la graine de lin par 100.

D'ailleurs les légumineuses constituent le fourrage
le plus nourrissant et le plus avantageux pour la
race bovine.

Voici une expérience faite sur la richesse en crème
du lait d'une vache nourrie avec différents fourrages.
Les indications ont été recueillies à l'aide du crémo-
mètre de Quevenne.

Fourrages.	Crème, pour 100.
Maïs.	8,91
Vesce, sainfoin.	10,46
Trèfle incarnat.	10,46
Luzerne	12,71

Il est impossible de donner des formules invaria-
bles pour la nourriture des bestiaux. Chacun nourrit
avec ce qu'il a, et les éléments de nutrition varient
avec les localités.

Voici quelques exemples de rations qui ont donné d'excellents résultats:

Ration pour une vache laitière de 470 kilos, poids vif.

Betteraves coupées	15 kilos.
Paille d'avoine	7 —
Trèfle sec	6 —
Farine de fèves.	3 —

Autre ration pour vache laitière, de 4 à 500 kilos, poids vif :

Foin de prairie.	8 kilos.
Betteraves coupées	20 —
Paille d'avoine hachée	11 —
Luzerne	10 —

Cette ration contient :

Matière grasse	0^k,920 grammes.
Matières carbonées	9, 206 —
Matière azotée	1, 196 —
Matière saline.	1, 215 —

Ration pour un mouton, taille moyenne :

Foin de pré.	1^k,000
Paille d'avoine hachée.	0, 500
Luzerne sèche.	0, 300
Betteraves coupées	2, 500

Ration pour bœuf de trait, poids vif moyen 600 kilos :

Foin de prairie.	9^k,000
Paille d'avoine	5, 000
Foin de trèfle ou luzerne. . . .	4, 000
Farine d'orge ou de fèves	1, 500

Cette ration contient, en moyenne :

Matière saline..	1^k,240
Matière grasse	0, 860
Hydrates de carbone	12, 000
Matière azotée	1, 500
Acide phosphorique.	0, 080

L'acide phosphorique joue ce rôle important de convertir l'azote du sang en azote musculaire.

Pour fournir ce précieux élément, ce sont encore les légumineuses qui l'emportent sur beaucoup d'autres fourrages. Exemple : pour 100 kilos d'aliments bruts,

Fourrages.	Acide phosphorique.
Betteraves.	65 grammes.
Maïs vert	116 —
Herbe de prairie verte	135 —
Pommes de terre.	163 —
Paille de pois	354 —
Foin de trèfle incarnat	356 —
Foin de trèfle hybride.	403 —
Foin de prairie, sec	413 —
Foin de luzerne	549 —
Vesce.	939 —

Qu'il s'agisse d'animaux de travail ou d'animaux à l'engrais, la ration doit toujours contenir : hydrates de carbone, matière azotée, matière grasse et sels minéraux.

Pour l'engraissement, on donne la ration plus abondante que pour l'entretien, sans avoir besoin d'en modifier sensiblement la composition.

Lorsqu'il s'agit des animaux, les rapports de la

nourriture à la production ne sont plus comparables
à ceux des végétaux.

Nous avons vu que pour les végétaux. quand on
donne 10 on recueille 100. Pour les animaux, c'est
l'inverse. Quand on donne 100, on recueille 10 ;
quand on donne 10. on recueille 1.

Pour produire 1, l'animal consomme au moins 9
en pure perte comme quantité.

Seulement, sans la forme produite par l'animal,
la matière alimentaire devient précieuse pour
l'homme et acquiert une plus-value commerciale
qui surpasse la dépense occasionnée par la nourriture.

La production de la viande en France est tombée.
comme celle du grain, au-dessous de nos besoins.
C'est encore la statistique qui le dit, brutalement,
sans commentaires.

Pour ne citer que la race ovine. en 1882 la France
a importé 2,154,964 moutons et n'en a exporté que
30, 484 !

Que faut-il faire pour remédier à cette infériorité
menaçante ?

Élever les animaux avec intelligence et méthode.
Leur donner une nourriture mieux pondérée, et
assurer l'hygiène des étables, qui sont encore dans
beaucoup de fermes des foyers d'infection et de
maladies. Limiter l'étendue des céréales pour les
cultiver intensivement. Étendre les prairies artificielles et les cultures de racines pour la stabulation
forcée d'hiver. Établir des prairies permanentes
pour le pâturage pendant que la saison le permet.

Que partout où il y a place pour des animaux

comestibles et de la nourriture à leur donner. on
s'occupe d'en élever.

Aujourd'hui, il faut beaucoup de viande, c'est une
nécessité qui grandit avec la civilisation. L'ouvrier
des villes en mange déjà presque à tous ses repas,
mais l'homme des champs souffre encore souvent
d'en être privé.

A elle seule, la ville de Paris consomme annuellement :

Viande de boucherie pour . . .	277 millions de fr.	
Volaille et gibier pour	42	—
Lait, beurre, fromage, pour . .	100	—
Œufs pour	32	—

Soit, en produits comestibles qui ont les animaux
pour origine, une consommation représentant la
somme de 451 millions de francs.

Voilà déjà plusieurs années que des éleveurs intelligents savent mettre à profit la théorie des équivalents nutritifs.

Rappelons ceci pour mémoire et pour curiosité :

En 1868, le fameux boucher Duval se rendit ac-
quéreur des bœufs gras du carnaval, à Paris.

Voici les noms de circonstance et le poids de ces
bœufs que nous avons vu applaudir avec enthou-
siasme par les Parisiens :

Paul Forestier.	1.311 kilos.	
Mignon	1,355	—
La Nièvre	1,361	—
Le Lutteur masqué.	1,480	—

On juge par le poids de ces animaux qu'ils étaient

10

de taille magnifique, et que l'engraissement .avait
été habilement conduit.

La question de la production de la viande nous
amène à ces considérations philosophiques :

La substance de notre corps est due à la consommation d'une autre substance conquise par le travail.

Le corps de l'homme est un assemblage de quatorze éléments, supérieurement combinés sous
l'empire de la vie.

Pour entretenir l'harmonie de cette combinaison,
il lui faut consommer des matériaux chimiquement
identiques, et dont la nature ne fait point cadeau.
Chaque bouchée de nourriture qu'elle nous livre a
exigé, pour se produire, son équivalent de travail
humain.

Tout homme doit gagner sa propre substance.

Celui qui, par une application utile de ses facultés, ne gagne pas sa substance, est le parasite de la
substance d'autrui.

L'instruction agricole.

Il faut espérer que bientôt l'enseignement des
premières notions de la production végétale sera
donné dans toutes les écoles rurales.

Si cet enseignement devait être un surcroît de
fatigue pour. l'esprit des jeunes élèves, il vau-
drait mieux sacrifier une étude moins utile aux habitants des campagnes. Mais, le plus souvent, cet
enseignement sera plutôt une distraction pour le
maître et pour les enfants.

Un petit champ d'expériences dans le jardin de

l'instituteur ou dans le moindre coin banal de la commune, quelques kilos des matières de l'engrais chimique, et les enfants, curieux pour tout ce qui touche aux sciences naturelles, boiront les paroles du maître et couveront des yeux les démonstrations du petit champ.

C'est si facile et si simple !

Le professeur, tenant en main un peu d'engrais complet, dit aux enfants : Voici une poudre dont la composition et les caractères vous seront expliqués plus tard, qui, étant répandue dans la terre en très petite quantité, fait pousser des plantes mieux que ne feraient de grandes masses de fumier. Et, joignant la pratique à la théorie, il désigne deux parcelles de terre. A l'une, il donne par mètre carré 100 grammes d'engrais, à l'autre 1 kilogramme de fumier de ferme; il les façonne et les ensemence toutes les deux. La culture en se développant confirme sa parole et continue la leçon.

Les enfants, émerveillés et convaincus, vont colporter ces notions au domicile de leurs parents, et voilà des cultivateurs qui, nés vingt ans trop tôt pour avoir pu être heureux dès le début de leur carrière, sont mis en éveil et vont profiter de moyens inespérés.

L'enseignement par l'aspect est toujours le plus prompt et le plus persuasif.

Pourquoi l'agriculture est-elle encore au-dessous de ce qu'elle devrait être, c'est-à-dire à la tête de tout ce qui est considéré comme position humaine?

Parce que les puissants d'autrefois l'ont toujours pressurée et ne l'ont jamais soutenue.

Parce que les hommes en place, à part quelques rares
exceptions comme les Sully, n'en ont compris ni la
dignité ni l'importance.

Parce que les intrigants de tout ordre ont toujours eu besoin d'une masse d'hommes ignorants
et grossiers, et que les paysans, par leur isolement
et la nature de leurs travaux, étaient les seuls qui
pussent rester dans ces conditions.

Le travail de la terre est, sans contredit, le plus
utile et le plus noble. On le considérait ainsi chez
quelques grands peuples de l'antiquité, comme les
Romains, à l'époque où ils remplissaient le monde
de leur gloire et de leur civilisation.

Laborare, travailler, veut dire aussi labourer,
parce que la culture est, par excellence, le proto-
type du travail, auquel nul homme ne doit penser à
se soustraire.

Il y a seulement quarante ans, de quelles déri-
sions les autres classes sociales n'accablaient-elles
pas le paysan?

On traitait son manque d'instruction comme on
traite les défauts inhérents à la brute, et cependant
c'était un homme qui souffrait, et qui pensait souvent plus profondément que ses indignes détrac-
teurs.

L'instruction! l'éducation! Mais s'il en avait eu,
c'est qu'il l'aurait inventée, puisqu'il n'avait aucun
moyen d'en acquérir.

Pourquoi cet oubli de l'agriculture, dont la plupart des hommes d'État s'occupent juste assez pour
apaiser quelques esprits d'élite dont le jugement les
gêne?

C'est que l'agriculture ne peut pas, comme l'industrie, faire retentir les avenues du pouvoir du cri de ses souffrances.

Quand les cultivateurs se plaignent, c'est dans l'isolement, et l'espace sur lequel ils sont disséminés se trouve si vaste que jamais plusieurs appels autorisés ne frappent ensemble l'oreille du chef d'État ; et leur manque de cohésion passe pour une non-valeur.

Pour l'industrie, c'est différent. Au premier malaise, elle jette sur le pavé des villes des masses grondantes qu'il faut immédiatement satisfaire ou réprimer.

Si la culture produisait davantage, l'ouvrier des villes vivrait mieux et à meilleur marché, alors il n'y aurait pas de ces troubles suscités par la misère et par la faim. Le malfaiteur serait sans excuse, et la conscience du législateur ne serait plus embarrassée pour sévir.

Un proverbe populaire dit : Quand il n'y a pas de foin au râtelier, les chevaux se battent. Un homme vaut mieux qu'un cheval ; mais quand son corps souffre, son esprit peut faillir.

Celui qui se débat sans l'avoir mérité entre les mâchoires de la misère, peut perdre toute notion de justice, et ne plus calculer la portée de ses actes.

Gouvernements qui voulez la paix, tournez d'abord vos regards favorables du côté d'où vient le pain !

Ensuite, si vos lois sont sages et vos agents intègres, l'intérêt et la raison vous assureront l'appui des honnêtes gens.

Pour atteindre son but et prospérer, l'agriculture

10.

réclame la réduction, autant que possible, de l'impôt foncier, l'accès des capitaux et l'instruction professionnelle.

L'institution du suffrage universel a rendu au paysan sa place politique; il reste à lui donner l'enseignement de son métier, pour l'élever au poste social qu'il mérite par son utilité.

L'enseignement de l'agriculture ne figure pas dans le programme des études. On semble croire que le cultivateur apporte en naissant la connaissance suffisante de son art et n'a qu'à imiter ce qui se fait empiriquement autour de lui pour réussir dans sa carrière.

C'était bon pour la culture à mourir de faim d'autrefois; mais pour nourrir une société civilisée et condensée comme la nôtre, il faut étudier une méthode plus puissante, comme pour bâtir les fermes actuelles il faut étudier la construction rurale; à moins qu'on ne veuille recommencer les chaumières sauvages où certains paysans gîtent encore à côté de leurs bestiaux.

L'empirisme et la routine sont encore le fond de capacité de la plus grande partie des cultivateurs de nos départements de l'Ouest.

Quand on pense que, dans ces contrées, des hommes courbés sur leurs sillons pendant tout l'hivers, bêchent leur terre à la pelle !

Ils arrivent dans le champ au petit jour; dans la journée, pour économiser le temps, ils mangent sur place, en plein air, une maigre pitance, et ne s'en vont le soir qu'après la nuit tombée.

Sous la pluie, sous la neige, dans la boue par-dessus leurs sabots, ils font ainsi depuis leur tendre enfance, et tous les ans des hectares de terre leur passent par les bras sous forme de pelletées de dix kilos.

Si l'on considère que dans le labourage profond, chaque kilogramme de terre remuée exige un effort de 6 à 7 kilogrammètres, on trouve que ce travail de découpage, de déplacement et de renversement à bras d'homme de 4 millions de kilogrammes de terre productive qui couvrent la surface d'un hectare n'exige pas moins de 25 millions de kilogrammètres.

Ces malheureux manquent d'engrais, manquent d'animaux, manquent d'argent : ils payent de leur personne, et tâchent de suppléer par un travail meurtrier à ce qu'ils ne peuvent acquérir.

Muni d'une bonne charrue et d'engrais chimiques, dont l'emploi m'est familier, j'accomplis le même travail presque en me jouant, je récolte quatre fois plus, et je calcule avec une vénération mêlée d'effroi la quantité de force humaine que, depuis 60 ans mon père a enfouie sans profit dans ses malheureux sillons.

Le travail à bras d'homme coûte 14 fois plus que le travail des animaux dirigé par des hommes pourvus de bons instruments, par conséquent ne laisse pas de bénéfices.

Aussi, tout homme qui a usé sa vie à ce régime, s'il a pu amasser quelques sous et s'il a un fils, en fait rarement un cultivateur. Il se souvient de ce qu'il a enduré, et, comme il aime son enfant, il se saigne aux quatre veines pour lui faire donner de l'instruction, et l'envoie dans les villes.

Voilà pourquoi il y a pléthore sur le pavé et manque de bras sur le sillon.

Tout homme qui a quelques moyens et qui aspire au bien-être fuit cette agriculture-là comme la peste. Pour lui, c'est un abaissement fatal, c'est l'isolement, la vie au milieu des hommes ignorants et des bêtes rétives, la courbature du corps et l'abrutissement de l'esprit sans dédommagement sérieux.

Beaucoup de cultivateurs ne savent encore ni lire ni écrire, et si la loi sur l'instruction obligatoire n'était pas sérieusement appliquée, cette plaie de l'ignorance ne serait pas près de se guérir d'elle-même.

Il n'est pas permis à une nation civilisée de laisser entrer un de ses citoyens dans les responsabilités de la vie sans qu'il sache au moins lire, écrire et compter.

Quels sont les trois hommes les plus utiles dans une nation ?

Le cultivateur, l'instituteur et le soldat.

Le premier pour la nourrir, le second pour l'instruire et le troisième pour la défendre.

Ce n'est pas que la guerre soit en faveur de l'esprit humain. Il y a certes plus d'avantages et plus d'honneur pour l'humanité dans la récolte d'un beau champ de blé que dans tous les succès des champs de bataille; mais puisque des barbares soutiennent encore que la force prime le droit, tant qu'il y aura des barbares, nous devons être en mesure d'appuyer le droit par la force.

L'agriculture doit être encouragée par des honneurs et des faveurs dignes d'elle.

On voit partout des statues de guerriers, d'orateurs, d'artistes, d'industriels méritants, et c'est justice; mais où est l'équivalent pour l'agriculture?

Où sont les statues d'un Mathieu de Dombasle, d'un Olivier de Serres ou d'un professeur éminent de la science agricole?

Dans ce Paris dont les places magnifiques sont décorées de tant de représentants de la valeur humaine, offerts en exemple à la postérité, montrez-moi le piédestal, si modeste qu'il soit, où s'élève l'image vénérée d'un Français appuyé sur une charrue.

Beaucoup de bons esprits s'éloignent de l'agriculture à cause de l'abandon apparent dont elle est l'objet de la part de ceux dont on recherche la considération. C'est par la science que nous l'élèverons au rang qu'elle doit occuper, que nous la rendrons attachante, aimable, facile, moralisante, et alors on verra disparaître cette plaie sociale de notre époque : l'émigration exagérée vers les villes au détriment des campagnes.

Il y a déjà un heureux commencement. Les citadins de toutes les classes rêvent les charmes de la nature champêtre, et l'on voit même de grandes dames, riches et distinguées, faire valoir une ferme par goût, et donner des exemples de courage et d'activité intelligente aux personnes que leur position oblige à une vie laborieuse.

La culture intensive, avec sa grande production, ouvrira des horizons nouveaux, et c'est aux champs qu'on retournera bientôt pour trouver l'existence confortable et la fortune facile.

Entreprenons donc courageusement l'œuvre de vulgarisation des données nouvelles, chacun dans la mesure de ses moyens.

Heureux celui qui, dans la ferme où il est né, rapporte des notions de progrès, et peut établir une culture selon la science au milieu des cultures précaires de ses voisins! C'est la leçon la plus saisissante. Ils se moqueront d'abord, peut-être; mais comme l'intérêt personnel est encore chez eux le principal sens qui vibre, ils vous demanderont bientôt ce qu'il faut faire pour réussir comme vous. Vous les renseignerez généreusement, et ce sera comme une traînée de poudre; la contrée sera convertie à la culture à grands rendements.

O vous qui savez ces choses! qu'un cultivateur ne vous quitte jamais sans emporter de sa conversation avec vous, au moins une notion profitable.

C'est sur ce terrain de la culture perfectionnée qu'il faut convoquer les champions.

Concours, expositions, expériences, tournois pacifiques et bienfaisants! Voilà le sujet des préoccupations du monde vraiment civilisé. Voilà les seuls combats qui ne laissent après eux ni misère ni haine. Ce sont des luttes où perdants et gagnants se donnent fraternellement la main, prêts à recommencer la partie, et dont l'enjeu va grossir la dot de l'humanité.

C'est dans les concours que l'agriculteur apprend la sélection des graines pour sa semence, la distinction des races de choix pour ses animaux, et l'existence des instruments perfectionnés pour son travail.

L'homme des champs voit ses jouissances décu-

plées et son travail allégé par la faculté que lui
donne l'instruction d'observer et de commenter les
faits naturels qui l'environnent.

Les anciens ne savaient rien des lois qui règlent
l'évolution végétale. Ils cultivaient machinalement,
incapables de modifier les effets qu'ils produisaient.

On ne peut pas leur en faire un reproche, pas
plus qu'on ne peut leur reprocher de ne pas s'être
servi de la machine à vapeur avant qu'elle fût inventée. Mais à présent qu'une ère nouvelle s'ouvre
pour ceux qui veulent sortir de la routine, il faut
espérer que tous les cultivateurs, vaincus par l'éclat
de la vérité que leur présentent des professeurs
spéciaux, des conférences, des livres, ouvriront les
yeux et travailleront suivant les principes que le
champ d'expériences de Vincennes a posés.

Celui qui ferme ses sens aux enseignements de
la science n'est pas digne de profiter de ses bienfaits.

Aujourd'hui, Dieu merci! la science attaque les
repaires de l'ignorance avec une puissance de pénétration que rien ne peut entraver; semblable à ces
perforateurs d'acier, qui, à coups puissants et pres-
sés, viennent d'ouvrir sous le Saint-Gothard et le
mont Cenis vingt lieues de route souterraine, à
travers un granit que les anciens regardaient
comme éternel et inattaquable.

La science est une aristocratie, aujourd'hui accessible à tous.

La science est une fortune, et la plus pure de
toutes, car c'est la seule qui ne s'acquiert pas sans
travail.

Or travaillons, apprenons, sachons.

S'il faut à l'homme des esclaves soumis; s'il est vraiment né pour la domination et le commandement; s'il tient à régner sur des ennemis vaincus, que ce ne soit plus sur d'autres hommes comme lui.

Les éléments sont là, rebelles et puissants : qu'il apprenne à les dompter, qu'il se les assujettisse.

D'autant plus que, lorsqu'ils ne sont pas pour lui, ils sont contre lui.

L'homme est un roseau pensant, a dit le philosophe. Mais tandis que l'ignorant est brisé par la destinée, par le travail et par la science le roseau pensant se fait dominateur. Il s'asservit tout ce qui l'entoure, et jusqu'à la destinée même.

L'homme armé de ces trois facultés supérieures : la morale, l'instruction professionnelle et l'amour du travail, marche au milieu des difficultés de la vie tel qu'un triomphateur.

Le travailleur selon la science, en face des éléments soumis, c'est le dompteur superbe, qui, d'un geste souverain, fait rentrer les griffes du lion et l'oblige à traîner son char!

Vigilance agricole.

Ce n'est pas sans raison qu'on a comparé l'agriculture à la marine.

En effet, comme le marin, le cultivateur a sa fortune dehors, à la merci du temps et des catastrophes météoriques. Cette situation suffirait à lui donner droit à une législation compensatrice.

Comme un capitaine de navire, l'agriculteur vraiment digne de ce nom doit tout observer, tout pré-

voir. tout connaître dans son art, pour se guider,
et conduire sa culture à bon port. c'est-à-dire à la
récolte.

Rien de ce qui se passe dans l'atmosphère ne lui
est indifférent. Le soleil. la pluie, le vent. le calme,
la neige. la grêle. le froid, le chaud, tout l'intéresse.
Il a ce surcroît de préoccupations, indépendamment
du souci politique et commercial qui affecte l'industrie.

Dès le matin, en se levant. l'agriculteur regarde
l'état du ciel, consulte le baromètre. le thermomètre.
la girouette. et, conformément à ses observations.
il prévoit la journée et dirige ses travaux.

Quand le temps ne lui sourit pas. il le menace.
Quand il n'est pas absolument satisfait, il est inquiet.
Toujours veiller. toujours guetter. Ses préoccupations sont d'un ordre spécial, comme celles du
navigateur.

L'agriculture est le premier des arts, dit-on. C'est
vrai, car cet art consiste à produire avec intelligence
le vêtement et la nourriture des êtres humains, mais
c'est aussi celui où il faut déployer le plus de vigi-
lance et montrer le plus de courage.

Que celui qui est indolent, ou incapable pour une
carrière virile ne se fasse pas agriculteur.

Tout va bien : un peu d'idylle.

L'agriculture a cela d'infiniment beau. que sans
sortir du cadre de son enseignement, pas plus que
du champ de ses applications. l'esprit et les yeux
trouvent les sujets les plus variés. qui font diversion,

et nous délassent d'un attachement monotone au
même travail.

La science agricole, malgré les formules qui la
hérissent touche par plusieurs côtés à la plus haute
philosophie, comme à la plus sublime poésie.

Tout y est lumineusement approfondi et pénétré.
C'est une des sciences les plus élevées, puisqu'elle
enseigne la connaissance parfaite des forces naturelles qui nous enveloppent, la puissance que résu-
ment les êtres et les substances mises en œuvre
pour leur formation.

Celui qui cultive est en communion directe avec
la nature sous ses formes les plus ravissantes et les
plus utiles.

Oui, c'est un spectacle à ravir la pensée que l'agriculture dans sa splendeur!

Par un beau jour de juin, jetons un rapide coup
d'œil sur ce riant tableau que nous présente la
campagne enrichie et décorée par le travail de
l'homme.

Ces champs de blé, haut comme la ceinture, émail-
lés de coquelicots et de bluets assez rarement dispersés, vont bientôt changer leur verdure foncée contre
la nuance blonde, puis dorée de la maturité.

Le grain, gonflé d'un lait sucré, va durcir dans sa
glume. Deux principes naissants vont se caractériser.
Ce lait va devenir l'amidon qui fait le beau pain
blanc, et une petite pâte, comme du blanc d'œuf,
va former le gluten qui lui donnera son lien, sa
bonne odeur et sa principale valeur nourrissante.

Voici l'immense et profond tapis des prairies en
fleur, où les papillons voltigent, où les abeilles buti-

nent; puis des luzernes, des trèfles fauchés de la veille, déversant dans l'air des torrents d'un arome dont la suavité, comme dit le poète arabe, met en fusion les fibres du cerveau.

La vigne s'étend au loin et monte en lignes régulières, avec ses larges pampres et sa floraison si douce qu'on dirait une essence de miel.

Elle boit les feux du jour! Quand tout brûle dans les champs, aux ardeurs de la canicule, la vigne est toujours verte et sourit au soleil.

Pourquoi? Je l'ai déjà dit : c'est que ces racines vont puiser la potasse, sa dominante, et l'humidité à des profondeurs où aucune plante herbacée ne saurait atteindre.

Rien n'exhale une odeur plus suave que la fleur de fève. Rien n'est plus caressant à l'œil que le lin aux petites fleurs bleues, mais j'aime aussi le port altier du chanvre et ses effluves enivrants !

Ici les orges déjà mûres, là, le seigle mis en gerbes, et la grise avoine balance au zéphyr ses frêles panicules.

La caille y chante dès le matin et la fauvette a fait son nid dans le buisson qui fleurit au bout du champ.

Quand le vent souffle sur ces moissons, elles ondulent comme les vagues de la mer.

Des groupes de faucheurs, courbés, la ceinture aux reins, la gaîne aux flancs, bras nus, poitrine au soleil, avancent à pas égaux, et à grands coups, plongent dans l'herbe en fleur l'acier large et tranchant.

Derrière eux, un jeune enfant et un vieillard à barbe blanche sont occupés à faner l'herbe coupée.

L'enfant aime à causer en travaillant; il dit au
vieillard : Grand-père, écoute ce que j'ai appris à
l'école : Une bonne prairie fournit, en moyenne,
1 kilo 500 grammes de foin par mètre carré, ou
15,700 kilos à l'hectare.

—Nous sommes sur une bonne prairie, interrompt
le vieux faneur. L'enfant continue : Un bon faucheur
met trois jours pour faucher un hectare. Il dépense
pour ce travail une force de 540,000 kilogrammètres, valant deux heures de cheval-vapeur.

Et l'aïeul répond : Mon cher enfant, je suis bien
vieux pour profiter de ce qu'on apprend aujourd'hui
en agriculture, mais ton père compte sur toi pour lui
révéler toutes ces choses pendant les longues veil-
lées d'hiver.

Au coup de midi, on voit partir des fermes isolées
les fermières alertes et joyeuses, qui, par les prés, par
les champs, par les petits sentiers serpentant dans les
blés, vont porter leur repas aux travailleurs éloignés.

Ceux-ci vont s'asseoir en rond sous l'ombrage d'un
grand chêne.

Planté sur la lisière d'un champ, cet arbre colossal
a vu passer dix générations d'hommes.

Il porte un dôme de feuillage qui domine tout le
pays d'alentour.

Les oiseaux de haut vol y font halte, et, le soir,
quand son ombre s'allonge, elle éclipse un village
situé au delà d'une vaste plaine.

Au milieu des moissonneurs fume la soupière
énorme. Les gais propos et la franchise éclatent
quand ils se passent de main en main le pantagrué-
lique baril.

Pendant ce temps-là, les tourterelles roucoulent dans les branches, et la chaude haleine du sud se parfume en soupirant dans les touffes d'églantiers.

Le soir, quand l'homme est rentré dans ses paisibles demeures, des hôtes nouveaux viennent hanter ces solitudes.

La lune glisse avec lenteur sous la voûte étoilée, baignant de sa douce lumière cette scène vide pour quelques heures des importantes actions de la journée.

Alors le rossignol s'écoute chanter dans le majestueux silence de la nuit.

Le passant attardé s'arrête malgré lui pour recueillir ces notes perlées qui ruissellent en cascades harmonieuses de la gorge d'un petit oiseau.

Le lièvre craintif sort de son gîte ; il court, s'arrête, écoute, se joue en broutant quelque feuille aromatique, puis s'enhardit jusqu'à venir flairer le thym du potager.

La chouette, auxiliaire méconnue, du haut d'un vieux pommier, guette le mulot rongeur, et la perdrix, déjà mère quand la faux a passé, vient rassembler ses petits sur la place où fut son nid.

L'agriculteur est debout dès l'aurore et regarde en face le soleil levant.

La ferme s'éveille avec le jour. On entend d'abord de joyeux battements d'ailes. Les pigeons roucoulent et gagnent le haut des toits ; les poules font entendre leur gai caquetage. Le coq, fier et galant, chante son chant triomphal. Les grands bestiaux sortent des étables et se précipitent en bondissant vers le pré voisin.

Le verger, ayant été couvert de fleurs, montre ses fruits naissants; la fraise embaume le jardin, et déjà l'heureux cerisier voit se tendre vers lui les jolis doigts roses du petit enfant aux bras de sa mère.

Voici l'heure où la maîtresse du logis, reine active de ce séjour engageant, va préparer le repas du matin.

Elle est obéie et respectée, parce qu'elle est juste et d'humeur douce.

Son époux a mis sa confiance en elle, car il sait que la raison conduit ses actes.

Il parle devant elle le langage supérieur de l'expérience, et ses paroles tombent dans des oreilles fidèles.

La femme mariée à un honnête homme, qu'elle aime, vaut tout ce que son mari l'estime et ne se préoccupe point d'autres appréciations.

Aussi l'agriculteur veille à ce que son habitation ne soit pas un repaire d'ennuis, mais s'ouvre à propos à la joie véritable et aux fêtes de l'amitié.

Il prend pour lui la besogne pesante ou grossière et éloigne du travail tout ce qui pourrait en dégoûter sa compagne plus délicate.

Il sait allier l'agréable à l'utile, c'est pourquoi la vigne et le rosier encadrent les contours de sa mai-

La culture! La campagne! C'est la source des hautes pensées et des tendres sentiments.

Grâce aux nouvelles données de la science, ce sera bientôt la source de la fortune facile et du bien-être inaltérable.

Au milieu de cette grande nature, dont il est le collaborateur conscient, l'homme instruit se grandit

lui-même; il se sent plus fort, plus généreux. Un
légitime orgueil monte jusqu'à son cœur; il con-
temple son œuvre et s'applaudit.

Il se dit : dans ces blés superbes, dans ces fruits
délicieux, dans ces gras troupeaux, produits de mes
études et de mes efforts, que de bon pain blanc, que
de repas succulents, que de précieuses ressources
pour moi et les miens et pour ceux de mes concitoyens que leur position éloigne de l'agriculture !

Car l'homme bien doué poursuit deux buts : recueillir des bénéfices, tribut légitime de tout travail
humain, et se rendre utile à ses semblables pour
acquérir leur estime.

Un désastre.

L'agriculteur doit s'armer d'un courage stoïque et
s'attendre aux coups de l'adversité. Exemple :

La chaleur du jour est à son apogée.

Pas un souffle d'air. L'atmosphère immobile,
comme un couvercle étouffant, pèse sur la nature.

Pas un chant d'oiseau, pas un cri d'insecte. Le silence est profond, solennel, imposant.

Du fond de l'horizon bleu, un point noir s'élève.
Il monte, s'élargit; c'est un nuage immense.

Bientôt d'autres nuages, épais, noirs, déchiquetés
au sommet comme de vieux donjons crénelés, sur-
gissent altiers, menaçants.

Au point opposé de l'horizon, même phénomène.

Des nuées sombres s'entassent, se pressent, tour-
billonnent les unes devant les autres comme de
grandes masses de laine grisâtre.

La plus haute de ces nuées, terrible, impénétrable, d'un noir cendré, avec une crête frangée d'or, monte à l'assaut du soleil.

Des cumulus aux flancs énormes se rencontrent, se croisent; le soleil est caché.

Une pénombre lugubre a couvert la nature. Le vent croît; l'air frémit d'un sifflement sinistre, et les grands arbres murmurent sourdement.

Du fond de l'ouragan qui monte, une lueur électrique a jailli. On dirait l'éclair lointain du canon derrière un rempart d'ardoise.

Un roulement profond lui succède et se perd dans l'éloignement.

Dans le silence qui suit retentit l'appel des paysans, qui se hèlent de loin en loin pour s'avertir de la catastrophe prochaine.

Un coup de foudre ébranle l'étendue, puis un autre, puis un autre. Le feu des éclairs sillonne l'espace en tous sens. Le fracas devient général.

Déjà la pluie tombe, à larges gouttes, éclaboussant le sol poudreux.

C'est un prélude. Écoutez !

Quel est ce bruissement aérien qu'on entend venir là-haut, qui s'approche, qui grandit, comme si des cailloux s'agitaient par montagnes sur un crible incommensurable?

O terreur! Fuyons, sauvons-nous, c'est la grêle!

La grêle! cette mitraille verticale!

Elle tombe, épaisse, énorme, écrasante, inexorable, comme si tout à coup les nuages s'étaient figés en voûte de glace et volaient en éclats.

En bas, le crépitement assourdissant des globules

glacées ; en haut, les coups de tonnerre se succédant sans cesse.

Et les flamboiements électriques rendent encore plus sombre cette nuit soudaine qui roule sur les campagnes.

La nature ébranlée s'épouvante. On croirait que le monde va s'abimer dans un suprème cataclysme.

Les sillons sont comblés. Les fossés débordés ravinent les champs et roulent avec les cailloux, les récoltes renversées.

Les blés sont abattus, hachés, pétris, enfoncés dans la terre ; les arbres tordus, écartelés, broutés comme par des mains enragées.

Le grand chêne foudroyé montre de loin ses longues déchirures blanches.

.   .   .   .

Il est passé, l'ouragan, portant ailleurs la dévastation et la ruine.

Les nombreux éclairs qui courent encore ne précèdent plus qu'un tardif et décroissant murmure.

Un pâle soleil va luire de nouveau sur ces campagnes ravagées, naguère si riches et si brillantes.

Pauvre paysan ! Homme aux rudes labeurs ! voilà pourtant le prix des travaux d'une année !

Ni ses longues journées de sueur, ni ses cheveux blanchis par soixante ans d'un travail opiniâtre, ni son pauvre corps courbaturé par la fatigue, ni les supplications sacrées qu'il adressait à l'Infini n'ont pu conjurer l'implacable fléau.

Le cultivateur sort de son logis ; il comprend d'un coup d'œil la totalité du désastre, et, suffoqué par

11.

l'angoisse, il laisse tomber ses bras, baisse la tête et pleure.

Et, pour qu'on voie de tels hommes pleurer, il faut qu'un grand malheur soit arrivé.

La prévoyance.

Moi, cultivateur, j'ai vu plusieurs fois ce terrible spectacle, hélas! Mais pourquoi rechercher cette imposante mise en scène des forces brutales de la nature?

Le mal qui vient lentement et secrètement n'en est pas moins profond.

Les gelées, les pluies excessives, la sécheresse, les inondations, les affections physiologiques et parasitiques, comme le phylloxera de la vigne, le charbon du blé, les épidémies sur le bétail, sont des fléaux qui menacent constamment l'agriculture.

En présence de ces grandes calamités qui mettent en péril, tous les ans, l'existence matérielle de plusieurs contrées, que fera la science?

La science agricole ne doit pas borner son rôle à faire pousser des récoltes abondantes, elle doit aussi s'occuper des moyens de les protéger et de les mener à bonne fin.

Jusqu'ici, on ne connaît aucun moyen d'empêcher les perturbations atmosphériques, mais on peut les prévoir et très souvent s'en garantir.

Grâce au télégraphe et à l'établissement de stations météorologiques dans tous les pays civilisés, nous connaissons plusieurs jours d'avance les tempêtes qui sont en marche sur nous, et la pluie et le beau temps nous sont annoncés avec une certitude presque mathématique.

Avec le polygone d'observations que constituent en France : Montsouris, à Paris, le Puy de Dôme, le Pic du Midi et le mont Ventoux, on peut déjà rendre à notre agriculture des services considérables par la prévision du temps.

Excepté la grêle, qui se forme et s'épuise sur la même région, les mauvais temps prennent rarement naissance sur notre continent. Cela peut arriver, mais généralement ils viennent de plus loin et nous sont annoncés d'avance.

Les tempêtes nous arrivent habituellement de l'Ouest. Quand une bourrasque dangereuse, partie du continent américain, traverse l'Atlantique pour venir affecter les côtes d'Europe, nous en sommes avertis par le câble sous-marin et nous avons, en moyenne, deux jours devant nous pour nous mettre à l'abri, dans la mesure du possible.

Dès qu'une dépression arrive à Valentia, en Irlande, qui est le point de l'Europe le plus rapproché de l'Amérique, le fait est signalé en France : alors nous pouvons observer le baromètre. S'il baisse, c'est que le mauvais temps vient sur nous. Si, au contraire, il monte ou seulement reste au même point, c'est que la dépression passe par dessus ou par derrière les Iles Britanniques, et va se perdre sur la mer du Nord, en affectant plus ou moins le Danemark et la Norvège.

Quelquefois, en atteignant l'Irlande, la tempête se partage en deux, et le continent français n'est affecté que par une portion de bien moindre énergie.

Il est certain que si la récolte est en herbe, elle subira le mauvais temps; mais si elle est mûre, et surtout si elle est coupée, aussitôt qu'on est averti on peut prendre ses dispositions pour la mettre à l'abri. On peut aussi garantir ou cueillir des fruits de prix, que le grand vent et la pluie vont jeter à terre.

Il faut espérer que bientôt le bulletin météorologique quotidien et les dépêches émanant des observatoires seront affichées dans chaque commune agricole, au point le plus accessible pour la majorité des cultivateurs, et, de préférence à la mairie.

A cet effet, chaque agriculteur doit posséder un baromètre et un thermomètre. Il doit en exister également dans chaque école primaire, afin que les enfants apprennent à les consulter.

Les opticiens de Paris vendent aujourd'hui des thermomètres à 40 centimes et des baromètres à 10 francs, très bien construits.

Ces instruments donnent des indications précises et pratiques qui doivent prévaloir sur les remarques empiriques qu'on tire des gestes des animaux, de l'état de certaines plantes et de l'aspect du ciel. Ces observations n'indiquent souvent que des modifications hygrométriques locales, que l'on prend à tort pour des pronostics sérieux du temps.

Quant aux épidémies qui menacent les animaux, la science vient de faire un grand pas dans l'art de les prévenir et de les guérir.

Les importants travaux de M. Pasteur sur les infiniment petits sont l'honneur de notre pays et l'espérance de l'humanité tout entière. Ils montrent que

nous pouvons lutter efficacement contre beaucoup
de maladies, non seulement des animaux, mais aussi
des hommes, qui n'ont point, comme on le croyait,
une origine mystérieuse et insaisissable, mais sont
causées par des agents microscopiques vivants, parfaitement définis, et dès lors parfaitement domp-
tables.

M. Pasteur a démontré que les maladies contagieuses sont produites par de petits êtres du monde
invisible, des microbes, qui s'introduisent et pullu-
lent dans l'organisme animal qu'ils décomposent à
la manière des ferments.

L'agent de la virulence contagieuse peut même
être cultivé en dehors de l'organisme, dans des liqui-
des appropriés à sa nutrition. Alors il se modifie.
Son énergie s'atténue au point de ne plus être mor-
telle. Bien plus, il se transforme en son propre
vaccin, de sorte que si on l'inocule à des animaux, il
ne leur communique qu'une maladie bénigne qui
les affranchit des atteintes mortelles du virus non
cultivé.

Le charbon, cette affection si redoutable, est cons-
titué par des myriades de petits êtres qu'on appelle
bactéridies parce qu'ils ont la forme de petites ba-
guettes, susceptibles de s'allonger, de se fragmenter,
et d'engendrer des spores qui sont les instruments
de la perpétuité de leur espèce.

Qu'une mouche aille sucer un corps charbonneux,
elle emporte de ces bactéridies dans sa trompe et
peut les inoculer par sa piqûre.

Si l'on enfouit un animal mort du charbon à une
grande profondeur, la putréfaction ne détruit pas les

spores reproductrices. Celles-ci sont ramenées à la
surface du sol par les vers de terre, qui peuvent les
absorber impunément et les rendre avec les parcelles
terreuses qu'ils rejettent de leur corps. Les bestiaux
viennent paître sur la fosse d'enfouissement et la
semence charbonneuse les atteint par les voies diges-
tives.

Les spores du charbon possèdent une ténacité de
vie extraordinaire. Elles résistent à une température
de 90 à 95 degrés, à une pression de plusieurs atmosphères et à l'action de l'alcool.

Il n'y a que l'ébullition prolongée, ou mieux la
crémation des bêtes mortes du charbon qui puisse
offrir une sécurité complète.

Dans tous les cas, il est reconnu que la bactéridie
charbonneuse, le microbe virulent du choléra des
poules, du rouget des porcs et d'autres maladies
contagieuses peuvent être cultivées en dehors du
corps des animaux, puis inoculés comme vaccin.
La maladie qu'ils provoquent est bénigne et ne réci-
dive pas.

On a fait des expériences sur des vaches, sur des
moutons, sur des volailles, en leur inoculant le virus
dans toute sa puissance; ceux des animaux qui
avaient ainsi été vaccinés accusaient à peine un
malaise éphémère, tandis que ceux qui ne l'avaient
pas été périssaient infailliblement.

Voilà donc l'agriculture dotée d'une sauvegarde
que tous les vétérinaires seront bientôt à même
d'appliquer : la vaccination des animaux par le propre virus, atténué, des maladies contagieuses aux-
quelles ils sont sujets.

Contre les épidémies végétales, la chimie nous offre des moyens de défense efficaces, comme le soufrage de la vigne, le chaulage et le sulfatage des graines.

Le cultivateur ne doit jamais négliger l'application des moyens préservatifs à mesure que la science les lui révèle.

Une guerre désastreuse est livrée à l'agriculture par les parasites animés. Ceux qui se retranchent derrière leur petitesse, comme les terribles pucerons, peuvent être attaqués en masse par les moyens physiques et chimiques.

D'autre part, tous nos parasites ont eux-mêmes des parasites qu'il faut tâcher de leur susciter. Le plus chétif insecte nuisible a le sien, qui devient alors notre auxiliaire. Citons seulement, pour exemple, un chalcidien, de couleur verte, qui détruit complètement les charançons du blé.

Lorsqu'il s'agit d'insectes nuisibles saisissables, nos auxiliaires les plus actifs sont les oiseaux, qu'il faut savoir distinguer et protéger. Toutes les personnes éclairées s'intéressent à la conservation de ces aimables gardiens de notre richesse agricole.

Il est d'autres auxiliaires, moins gracieux, mais aussi précieux, tels que les crapauds, les orvets, les musaraignes, les chauves-souris, les hérissons, souvent objets d'un dégoût stupide et d'une destruction déplorable.

Il faut savoir faire passer le résultat utile avant ces simagrées indignes.

Si tout ne s'appréciait qu'à l'aspect et à l'odeur, que de bonnes choses seraient perdues !

Si ces animaux vous déplaisent, éloignez-vous-en, mais laissez-les, comme on laisse un instrument de chirurgie qu'on n'aime pas, mais qu'on se garde bien de briser, en songeant aux services qu'il peut rendre.

Le fléau des inondations est devenu fréquent depuis un quart de siècle.

A peu près tous les ans, rien qu'en France, le débordement des cours d'eau, la rupture des digues, amènent la ruine de vastes contrées agricoles et des meilleures. Il dépend du ministère des travaux publics de parer à ces désastres dans toute la mesure du possible.

On attribue, avec des apparences de raison, la crue inaccoutumée des rivières au déboisement général de leurs bassins. Les eaux pluviales, ou provenant de la fonte des neiges, n'étant plus retenues par des surfaces boisées, tombent tout d'un coup dans le courant. L'affluence surpasse excessivement le débit et le niveau s'élève à une hauteur dangereuse.

Les conquêtes de la charrue ne doivent pas porter préjudice au boisement partout où il est nécessaire.

Le bois est un objet d'hygiène, de construction et de chauffage, que le cultivateur est intéressé à produire.

N'allons pas, sans besoin sérieux, abattre un arbre pour semer une poignée de grain. Considérons qu'il faut plus de deux cents ans pour faire un grand chêne.

D'ailleurs, nous ne devons pas penser que pour nous, et la postérité nous demandera compte de nos forêts comme de nos monuments historiques.

Enfin, le courage et la prévoyance sont deux ver-
tus capitales pour l'agriculteur. Il doit cultiver comme
s'il était sûr de récolter, et se tenir en garde comme
si le danger était imminent.

Après avoir pris toutes les précautions physiques
qui sont en son pouvoir, il lui reste à tranquilliser
son esprit par les précautions sociales qu'offrent les
assurances.

C'est au moment des calamités que l'homme isolé
d'intérêts sent amèrement sa solitude.

En s'associant par l'assurance, les cultivateurs ne
travaillent plus sous l'appréhension d'une ruine possible, et justifient encore une fois l'éternelle devise :
« L'union fait la force. »

APPENDICE

Horticulture.

L'horticulture et l'agriculture sont sœurs, et au point de vue de la production des plantes on peut les comprendre sous cette dénomination commune : la culture.

Si tous les cultivateurs devraient connaitre à fond la théorie si facile de la formation végétale et la doctrine des engrais chimiques, c'est à l'horticulture que cette étude s'impose d'abord.

Noblesse oblige.

L'agriculteur est un artisan, mais l'horticulteur est un artiste. Il évolue dans un cadre plus restreint, mais plus délicat, plus savant, et la nature de ses travaux lui confère une sorte d'aristocratie culturale.

On a appelé l'horticulture le bouquet, mais aussi le laboratoire de l'agriculture.

En effet, c'est l'horticulture qui a la mission distinguée de rechercher les végétaux à l'état sauvage, de les améliorer, d'en reconnaitre les aptitudes et de les verser dans l'agriculture s'ils en sont susceptibles.

Tout ce qui est dit dans les leçons précédentes à propos de la production des plantes agricoles intéresse également l'horticulture.

Le changement de latitude et les soins intelligents de l'homme ont pu modifier les proportions, les couleurs et

les saveurs dans les végétaux, mais leur composition
chimique et les lois de leur développement sont invaria-
bles.

La nature des éléments que la végétation met en œuvre
est identique dans tous les temps, pour toutes les espèces
et sous tous les climats.

La Science agricole déploie comme un labarum son
étendard, où sont inscrits les symboles de la fertilité :
azote (Az), acide phosphorique (Ph O⁵), potasse (KO) et
chaux (CaO), et dit à l'Agriculture : Tu vaincras par ces
signes. Elle en dit autant à sa sœur l'Horticulture.

Ils représentent en effet les agents principaux qui peuvent nous procurer : belles plantes d'ornement, bons
légumes, bons fruits, et des rendements rémunérateurs.

L'horticulture peut être divisée en deux branches, qui
se confondent souvent entre les mains du même praticien
et lui sont également familières : l'horticulture d'ornement et l'horticulture alimentaire ou potagère.

Dans ces deux cas, où l'espèce et la destination des
plantes diffèrent, le cultivateur doit s'appliquer à fournir
suffisamment ces quatre causes simultanées d'une
végétation luxuriante : la chaleur, la lumière, l'eau et les
engrais.

Le potager.

Le maraîchage, dans le voisinage des grandes villes,
emploie exclusivement le fumier, ou des engrais organiques encore plus répugnants. C'est un malheur.

Avec l'usage exclusif du fumier, la terre devient un véritable matelas d'humus qui rend le sol acide, offre un
refuge à toute sorte d'insectes et de vermine favorisés par
sa décomposition, et ne donne souvent que des produits
fades et sans valeur nutritive.

C'est toujours un engrais encombrant et mal pondéré.

On devrait au moins lui associer un complément en engrais chimiques.

L'horticulture, qui par état ne fait pas de fumier, n'a guère intérêt à en acheter, si ce n'est pour son rôle physique dans la confection des couches où il développe de la chaleur par sa fermentation. Encore, dans bien des cas, quand la terre est légère et déjà pourvue d'humus, on y suppléerait avantageusement en fumant à l'engrais chimique et en faisant passer les tuyaux du thermosiphon sous les couches et sous la terre des rangées de châssis.

Les produits comestibles y gagneraient en saveur, en qualité nutritives, et ne seraient pas imprégnés des vapeurs chaudes d'une manière organique en putréfaction.

Légumes.

Dans la culture des légumes, il faut s'attacher à faire marcher de front la quantité et la qualité.

Les légumes peuvent être divisés en trois catégories, suivant la partie du végétal que l'on consomme.

1° *Légumes-feuilles.* — C'est-à-dire dont on mange les feuilles, comme les épinards, l'oseille, les salades.

Ils sont à dominante d'azote et demandent l'engrais n° 2 à la dose de 80 à 120 grammes par mètre carré selon l'état de la terre.

Pour les choux, qui peuvent être considérés comme légumes-feuilles, il faut davantage de potasse, c'est l'engrais n° 1 qui leur convient le mieux à la même dose.

2° *Légumes-graines.* — Dont on ne mange que les graines, comme les pois, les haricots, les lentilles, les fèves.

Principalement fournis par la famille des légumineuses, ils sont tous à dominante de potasse. C'est l'engrais n° 4 qui leur convient le mieux à la dose moyenne de 100 grammes, ou deux bonnes poignées par mètre carré.

3° *Légumes-racines.* — Dont on mange particulièrement les racines, comme le céleri-rave, les navets, les radis, les salsifis, les carottes.

Les légumes-racines exigent, pour leur bonne saveur et leur tendreté, une dose à peu près égale des trois principaux termes de l'engrais complet. C'est le n° 1 qui leur convient à la dose de 100 à 120 grammes par mètre carré.

Fraisiers, artichauts. — Pour ces plantes, de même que pour les légumes vivaces, tels que l'oseille, la chicorée sauvage, destinées être tondues, on répand l'engrais en couverture au mois de mars, 100 à 120 grammes par mètre carré; ensuite on donne un binage, ou même un béchage à la pelle, si l'espacement des pieds le permet. Employer l'engrais n° 1.

Les plantes qui produisent pendant une grande partie de l'année, comme le fraisier des quatre saisons, peuvent même recevoir de temps en temps quelques poignées d'engrais que le binage et les arrosements mettront à la portée des racines.

Asperge. — Ce légume particulier est à dominante d'azote. Il lui faut l'engrais n° 2; en moyenne 120 grammes par mètre carré, enfoui à proximité des griffes dès le mois de février.

Légumes en pleine croissance. Si l'on s'aperçoit que des parties de légumes semés ou repiqués manquent de vigueur, on les ranime énergiquement en répandant en couverture 60 à 80 grammes d'engrais n° 1 par mètre carré. On arrose ensuite, pour abattre l'engrais qui reste sur les feuilles et pourrait les brûler; et dès que la terre est ressuyée, on donne, s'il est possible, un binage pour rapprocher l'engrais des racines.

Arbres fruitiers.

Nous rappellerons pour les arbres fruitiers ce qui a été

dit à propos de la vigne. C'est l'engrais n° 4 qui leur convient à la dose de 150 à 200 grammes par mètre carré. On relève la terre autour du tronc, et dans la fosse circulaire, proportionnée à la taille de l'arbre on répand l'engrais à proximité du chevelu, on mélange avec un peu de terre et l'on achève de combler la fosse. Cette opération doit être faite avant le printemps.

Quand un arbre est malade et qu'on fait cette application en été pour le ranimer, il faut ajouter un copieux arrosement sur l'engrais même, avant de rabattre la terre.

Groseilliers, Cassis, Framboisiers.

On répand l'engrais n° 4 autour de ces arbustes à la dose de 150 grammes par mètre carré. Il se trouve enfoui et mis à la portée des racines en béchant pour faire le guéret nécessaire. Ce travail doit être fait en même temps que pour les arbres fruitiers, c'est-à-dire avant le départ de la végétation.

Les arbres forestiers ou d'ornement peuvent être traités comme les fruitiers, en tenant compte de leur dimension pour l'application de l'engrais.

Lorsqu'il s'agit d'une haie vive, on peut activer le développement de cette clôture en jetant dessus, dès le mois de février, quelques poignées d'engrais n° 4, soit en moyenne 150 grammes par mètre carré d'espace buisson_neux. Ensuite, s'il est possible, on donne un fort binage entre les pieds d'arbustes.

Si la haie reste à l'état sauvage, ou si la base en est inaccessible à l'outil, on laisse à la pluie le soin de dissoudre et d'enfoncer l'engrais à portée des racines. Une poignée d'engrais jetée sur un sol occupé par des végétaux n'est jamais perdue.

Distribution des engrais.

L'épandage des engrais chimiques pour le jardinage se fait ordinairement à la main sur la surface du sol, aussi uniformément que possible, avant de façonner la terre pour le semis et le repiquage.

On doit s'appliquer à bien mélanger l'engrais avec la couche de terre que doivent occuper les racines. Le surplus de soin qu'on apporte à faire ce mélange intimement est largement compensé par le résultat sur la végétation.

Pour les plantes à racines profondes, comme les choux, les carottes, on peut enterrer l'engrais en bêchant, avant de semer ou de repiquer, mais s'il s'agit de plantes à racines peu profondes comme les radis, l'ail, l'oignon, il vaut mieux répandre l'engrais sur le bêchage frais pendant que la terre est encore hérissée par les pelletées.

Il se trouvera suffisamment enfoui et mélangé par le dressage avec le râteau et le travail de plantation.

Lorsque l'on fait dans l'année plusieurs légumes différents et successifs sur la même terre, on s'arrange pour donner à chaque espèce l'engrais qui lui convient, en tenant compte, approximativement de ce que la culture précédente a pu laisser dans le sol.

Dans tous les cas, une dose moyenne appliquée à chaque nouvelle culture, soit 80 grammes par mètre carré, produira toujours de magnifiques effets.

Quand on plante des arbres ou des arbustes, il faut avoir soin de mélanger l'engrais avec la terre qui occupe le fond du trou sans en mettre à la surface.

L'action d'une forte dose d'engrais complet, soit 100 à 150 grammes par mètre carré, est encore sensible après trois ans pour les plantes herbacées et après quatre ans pour les arbres et arbustes, mais il est toujours préférable

de diviser les fumures et d'appliquer plus souvent une
dose moyenne pour entretenir une végétation constamment riche.

Lorsqu'on est dans le cas d'utiliser du fumier, on
obtient d'excellents effets en associant à une demi-fumure
de fumier une demi-dose d'engrais chimique; soit, par
mètre carré : fumier, 2 kilos: engrais, 50 grammes.

Avis pratique.

Pour une culture quelconque, si l'on a des doutes sur
l'engrais à employer, ou si l'on veut simplifier ses achats,
c'est l'engrais n° 1 qu'il faut adopter. Si, pour certaines
plantes, on n'obtient pas l'effet maximum que produirait
l'engrais spécial, on peut toujours compter sur des résultats excellents.

Ces engrais en poudre, si appréciés aujourd'hui des
jardiniers et des propriétaires des environs de Paris, se
vendent au détail pour l'horticulture 50 centimes le kilo,
et 30 francs les 100 kilos.

Quelques kilos, judicieusement appliqués, transforment
immédiatement la terre d'un jardin et triplent sa valeur
productive.

Le Parterre.

C'est surtout pour l'horticulture d'ornement que les
engrais chimiques deviennent une précieuse ressource,
tant par leurs effets sur la végétation que par la facilité
de leur emploi au moment opportun, où l'on veut et quand
on veut.

La dominante d'un grand nombre de plantes d'horticulture n'étant pas encore déterminée et les espèces les
plus diverses se trouvant parfois mélangées sur la même
plate-bande ou dans le même massif, c'est l'engrais type

12

n° 1 qui devra servir le plus souvent. Chaque nature de plante y trouvera une nourriture complète et la dose moyenne de son élément de prédilection.

Semis et repiquage. — Employer l'engrais n° 1 à la dose moyenne de 100 grammes par mètre carré.

L'engrais doit être répandu uniformément et bien mélangé à la couche de terre superficielle avant de semer ou de transplanter. La couche de terre engraissée doit avoir au moins 15 centimètres de profondeur.

Rempotages et rencaissages. — Pour les plantes herbacées et pour les arbustes à grandes feuilles, l'engrais n° 1 devra être mêlé à la terre dans la proportion de 1 gramme par litre de terre, environ, soit 1 kilo par mètre cube. On se servira à cet effet de la terre franche ou de la terre de bruyère, suivant que la nature des plantes le comporte.

L'emploi de l'engrais chimique n'implique aucun changement dans les dispositions qui résultent de l'habileté pratique.

Pour les arbustes à feuilles étroites, tels que rosiers, myrtes, grenadiers, on emploie plus avantageusement l'engrais n° 4, qui contient davantage de potasse et moins de matière azotée.

En dehors du cas de rempotage et de rencaissage, l'engrais peut être appliqué à tous les végétaux avant leur sortie de la serre, c'est-à-dire au mois de mars ou avril.

On répand l'engrais à la surface, 100 à 150 grammes par mètre carré, soit 1 gramme à 1 gr. 50 par décimètre superficiel sur les grands pots et les caisses, et l'on mêle à la terre en bêchant avec un piquet en bois dans le sens des rayons qui partiraient du centre de la plante, pour ne pas rompre les radicelles.

Lorsque cette application a lieu à une température à laquelle on peut arroser, il est bon de le faire sans retard pour dissoudre l'engrais, et le mettre en contact avec les spongioles.

Gazons, Pelouses.

Il faut y répandre l'engrais n° 1 dès que l'herbe commence à pousser, c'est-à-dire vers le milieu de mars, à la dose moyenne de 100 grammes par mètre carré.

Si la pelouse est fatiguée ou rongée par la mousse, il faut appliquer l'engrais, et la laisser pousser d'une certaine hauteur, avant de la tondre la première fois, afin que l'herbe, régénérée, ait le temps de taller et d'étouffer la mousse.

Comme les gazons sont destinés à être fauchés souvent, pour entretenir un tapis vert, il en résulte que l'engrais s'en va du sol avec l'herbe qu'il a produite; par conséquent, après chaque coupe, il est bon de donner une légère poudrée d'engrais, suivie d'un coup d'arrosoir si le temps est sec. Par ce moyen, on aura toujours une pelouse vigoureuse, bien fournie, et d'un beau vert foncé.

Si l'on constate quelquefois des brûlures sur des feuilles mouillées où des particules d'engrais se sont arrêtées, il ne faut nullement s'en préoccuper. La végétation qui suit compense tout et n'en laisse aucune trace.

Quand on dépose de l'engrais au pied d'une plante isolée, il faut avoir soin de le mélanger avec 5 ou 6 fois son volume de terre pour ne pas brûler les racines.

En été, pour donner une grande vigueur aux gazons et aux plantes de jardin, on peut aussi les arroser avec de l'eau contenant par litre une à deux cuillerées à café de l'engrais liquide mentionné plus loin, soit la valeur d'un verre à bordeaux pour un arrosoir ordinaire de 10 à 12 litres.

Arbustes à fleurs.

Pour les arbustes à fleurs, de pleine terre, tels que rosiers, lilas, jasmins, chèvrefeuilles, seringas odorants, il

faut donner l'engrais n° 4, enfoui au pied en béchant la
terre, à la dose de 150 grammes, ou trois bonnes poignées par mètre carré.

En appliquant l'engrais dès la fin de l'automne, ou au
plus tard en février, on obtient des floraisons plus pré-
coces et infiniment plus riches.

Engrais liquide.

On a inventé pour l'arrosement des plantes en pots, en
caisses et en pleine terre un engrais liquide très efficace
et très facile à employer. Il est exclusivement horti-
cole.

Cet engrais, qui a l'apparence de l'eau pure la plus lim-
pide, n'en contient pas moins tous les agents de la fertilité :
azote, acide phosphorique, potasse et chaux en dissolution parfaite, et immédiatement assimilables par les
plantes.

Il n'est pas plus déplacé dans un salon que dans une
serre ou un jardin. C'est l'engrais favori des Parisiens
pour les plantes d'appartement.

On en met une cuillerée à café par litre d'eau d'arrosage, et l'on arrose quand il en est besoin comme avec l'eau
pure.

Quand on emploie cet engrais, on n'a pas à s'occuper
de la qualité de la terre, ni d'aucun fumier : il fournit
toujours aux plantes un aliment suffisant, même dans du
sable inerte.

Pour l'arrosage à grande eau, les proportions sont
toujours : engrais, 1 partie, eau 500; mais la précision
n'est pas de rigueur : le jardinier verse approximativement un filet d'engrais dans son arrosoir et le remplit
d'eau.

On peut aussi faire le mélange d'avance dans les ton-
neaux ou les bassins, suivant leur contenance.

Dans le commerce, cet engrais liquide se vend : le fla-
con pour 65 litres d'eau d'arrosage, 50 centimes ; le litre
pour 500 litres, 2 francs. ·

Pour ne citer qu'un résultat, nous avons obtenu, avec
l'engrais liquide des *ficus elastica* (caoutchoucs) qui, âgés
de trois ans, mesuraient 2 mètres de hauteur, avaient
encore leurs feuilles de bouture jusque dans la terre et
dont la plupart des feuilles mesuraient 50 centimètres de
longueur. le pédoncule compris, et 15 centimètres de largeur au milieu du limbe.

Les plantes herbacées à odeur fine, comme le réséda.
les jacinthes, traitées à l'engrais liquide, atteignent des
proportions considérables, et leur parfum devient beaucoup plus intense.

Plantes d'appartement.

Toutes les personnes bien douées aiment les plantes.

Celui qui aime les plantes sympathise avec la nature.
et la nature seule ne trompe jamais.

C'est pourquoi, dans nos villes, depuis la véranda du
riche jusqu'à la fenêtre de l'artisan, on voit des plantes de
toute espèce, objets des soins attentifs de leurs posses-
seurs.

On a raison. C'est un agrément de bon aloi qui témoigne
de l'adoucissement de nos mœurs et de la délicatesse de
notre civilisation.

Nous vivons avec les plantes : elles sont nos meilleures
amies : elles sont avec nous jusque dans nos appartements
privés.

Nous avons des plantes familières comme des animaux
familiers. Nous nous attachons d'amour à ces êtres dont le
règne charme notre esprit, en même temps qu'il nourrit
notre corps.

Eh bien, comme les animaux sauvages et les animaux

12.

privés peuvent vivre des mêmes aliments, les végétaux
des jardins et des appartements comme les végétaux des
bois et des champs demandent la même nourriture. Seulement il faut tenir compte des conditions de milieu,
surtout pour les plantes exotiques qu'on a dépaysées.

Pour les jardins, dès qu'il s'agit de la pleine terre, on
doit employer de préférence l'engrais en poudre, dont
l'action est toujours plus régulière.

Pour les plantes de serre et d'appartement, l'engrais
liquide est préféré parce que le dosage et l'emploi en sont
plus faciles.

Arrosements. — En été, on arrose tous les jours, et même
souvent deux fois par jour, soir et matin.

Il faut faire en sorte que l'eau soit tirée d'avance afin
qu'elle ait pris la température du milieu dans lequel
vivent les plantes. En hiver, on n'arrose que deux ou trois
fois par semaine.

Lorsque l'eau contient de l'engrais, il faut éviter d'arroser sur les feuilles, pour les plantes renfermées seulement, car les plantes en plein air ont la ressource d'être
lavées par la pluie.

Il vaut mieux arroser copieusement et plus rarement
que d'arroser peu et souvent. On doit entretenir la terre
fraîche, mais ne pas faire de la boue.

On ne doit pas laisser, surtout en hiver, une nappe
d'eau séjourner dans le plateau qu'on place sous les pots
par mesure de propreté.

Propreté et lumière. — Les plantes cultivées dans l'air
confiné des appartements ont deux ennemis principaux :
la poussière et l'obscurité.

La poussière, en se déposant sur les feuilles, bouche
les stomates, ouvertures microscopiques par lesquelles les
plantes respirent; alors il y a souffrance et asphyxie.

Lorsque la lumière du jour fait défaut trop longtemps,
la chlorophylle ou matière verte des feuilles ne se forme

pas; la plante devient impuissante à décomposer l'acide carbonique de l'air, elle s'étiole et meurt comme d'anémie.

Les plantes d'appartement sont les plus mal placées pour accomplir leurs fonctions vitales aériennes.

Pour les maintenir en bonne santé, il faut leur donner des soins spéciaux, c'est-à-dire les placer le plus au jour possible, les épousseter avec un plumeau léger, les bassiner de haut avec un arrosoir à pomme, leur donner de l'air, et, quand le temps n'est pas froid, les placer sous la pluie autant qu'on le peut.

Il leur faut surtout une nourriture riche, et facilement assimilable comme l'engrais liquide, afin de suppléer par les racines à ce qui manque du côté de l'air.

On doit éviter de toucher avec la main la partie verte des plantes et les fleurs. Le contact quelquefois gras des doigts froisse la pubescence des organes et bouche les stomates encore plus sûrement que ne ferait la poussière.

Les plantes d'agrément sont comme les oiseaux; on ne doit en jouir qu'avec les yeux. Il n'y a guère que le vent et l'eau réduite en pluie qui puissent les toucher impunément.

Température. — Pour la plupart des plantes, la végétation ne peut entrer en pleine activité qu'au-dessus de 15 degrés. Mais l'action étant commencée, la température peut descendre jusqu'à 10 degrés avant que l'activité ne s'arrête.

A 10 degrés, les plantes ne dégagent rien, l'absorption d'acide carbonique n'a pas lieu; à 11, à 12 degrés, rien; à 13 degrés, rien encore; à 14 degrés, le dégagement d'oxygène commence; à 15 il est plus actif, de 28 à 30 il atteint son maximum d'intensité. Ensuite, si l'on diminue la température, le dégagement continue jusqu'à 10 degrés, tant qu'agit la force acquise.

En pleine activité, la végétation dégage encore de l'oxygène deux heures ou deux heures et demie après la disparition de la lumière. Les vibrations ne sont pas éteintes, elles continuent d'agir comme le volant d'une machine jusqu'à ce que la force acquise soit épuisée.

La plante utilise les vibrations reçues, pour accomplir un travail chimique considérable. On est frappé d'admiration quand on compare la puissance des effets obtenus et la délicatesse des artisans qui travaillent. (Voir : *Chlorophylle et carbone.*)

Respiration des plantes. — Pendant le jour, sous l'influence de la chaleur et de la lumière, les plantes absorbent de l'acide carbonique (CO_2), le décomposent, s'emparent du carbone (C) et rejettent l'oxygène (O_2).

La respiration de l'homme et des animaux fait l'inverse ; elle absorbe de l'oxygène et rejette de l'acide carbonique qui, en s'accumulant dans un espace clos, peut produire l'asphyxie.

Dans les plantes entières, l'absorption de l'acide carbonique se fait surtout par la partie plane des feuilles, et le dégagement d'oxygène a lieu pour la plus grande quantité par le pédoncule et l'extrémité de la tige.

En l'absence des rayons lumineux, la respiration des végétaux est renversée. Ils vivent comme l'animal en absorbant de l'oxygène et en dégageant de l'acide carbonique.

Quatre conditions sont nécessaires pour que les plantes décomposent l'acide carbonique. Il faut :

1° De la lumière ;

2° De la chaleur ;

3° Que les organes des plantes soient colorés en vert ;

4° Que l'acide carbonique soit à l'état de division et d'élasticité dans l'atmosphère.

On a cultivé des plantes sous des cages en verre coloré, et l'on a reconnu que, des sept lumières du spectre, c'est la lumière jaune qui a le plus d'action sur la fixation du carbone.

Les fleurs absorbent de l'oxygène pour la composition de leur parfum et l'activité des organes reproducteurs.

Les pétales des fleurs sont formés d'un tissu disposé comme celui des feuilles. Leur coloration vient de ce que les cellules, au lieu de granulations vertes, renferment des granulations de couleurs variées; elle est due aussi, dans certaines fleurs, à un velouté ou à des ondulations qui produisent des reflets nuancés comme sur la nacre.

Une plante étant renfermée sous une cloche de verre, le volume d'air qui l'accompagne ne change pas, mais sa composition est modifiée.

La plante fixe une partie de l'acide carbonique et de l'oxygène et dégage un même volume d'azote.

Ce jeu n'a lieu que si la plante tient au sol, et cesse dans une partie de plante détachée.

Pourquoi cette déperdition d'azote?

C'est que tout est mobile dans les êtres vivants; tout est en voie de rénovation. Sans cesse des principes usés sont exhalés et remplacés par des principes réparateurs. Il y a décomposition de parties préexistantes, et formation par l'introduction d'éléments nouveaux, deux effets parallèles.

La même chose se passe chez l'être animé. Il absorbe de l'azote par ses aliments et il en exhale par ses déjections.

Quand un être vit sur lui-même privé de nourriture, les tissus graisseux sont les premiers brûlés, puis les principes azotés et les hydrates de carbone. Si l'alimentation ne vient pas à son secours, il meurt.

Plantes à feuillage ornemental. — Le grand mérite d'une plante à feuillage d'ornement, comme le ficus, l'aralia, le palmier, le dracæna, est d'avoir atteint une certaine hauteur en conservant un grand nombre de belles feuilles.

Pour obtenir ce résultat, deux conditions principales sont de rigueur : la dimension suffisante du pot ou de la caisse, et la fertilité de la terre.

Les racines sont une multiplication de surfaces absorbantes; elles doivent être assez développées, non seulement pour assurer la stabilité du végétal, mais aussi pour pouvoir puiser une somme de nourriture en rapport avec sa taille.

Tout végétal tend à s'accroître en hauteur; mais pour grandir et pousser de nouvelles feuilles, il a besoin d'un surplus d'aliments.

Si la nourriture est insuffisante, il prendra sur lui-même, et la partie supérieure se développera en empruntant à la partie inférieure.

Dans ce cas, si de nouvelles feuilles poussent au sommet, c'est en aspirant les sucs de la base qui s'appauvrit et ne peut plus nourrir celles qui s'y trouvent. Il se fait dans les anciennes feuilles un travail de résorption au profit des nouvelles; alors elles se vident de leur substance nutritive et tombent en décrépitude.

Quand un végétal est mal nourri, la deuxième feuille puise dans la première et ainsi de suite, de sorte qu'il ne peut porter qu'un nombre d'organes limité.

Une plante doit donc être proportionnée dans ses parties souterraines et aériennes, et posséder à son pied l'engrais nécessaire pour y puiser au fur et à mesure de son accroissement.

Oignons à fleurs. — Les plantes bulbeuses d'appartement, et surtout les jacinthes, sont très recherchées, tant à cause de leur hâtiveté que de leur floraison suave et gracieuse en grappe droite de nuance tendre et variée.

Leur dominante est l'azote. On les obtient exceptionnellement belles en mêlant à la terre dans laquelle on les plante environ 1 gramme ou une bonne pincée d'engrais n° 2 par litre de terre; ensuite on leur donne des arrosements d'eau ordinaire.

Il est souvent plus commode et aussi avantageux d'employer l'engrais liquide, en arrosements, après avoir planté dans la terre sans engrais. Il donne une vigueur et des couleurs magnifiques, en même temps qu'il exalte considérablement le parfum.

Les jacinthes demandent des arrosements fréquents, surtout pendant la floraison.

Lorsqu'on cultive ces oignons sur des carafes remplies d'eau, ou dans un autre milieu de fantaisie comme la mousse, il est bon d'ajouter à l'eau de 6 à 8 grammes ou deux cuillerées à café d'engrais liquide par litre, au lieu d'une, qui est la dose normale pour les arrosements, afin de suppléer aux éléments de fertilité que la terre la plus maigre fournit toujours.

Les plantes bulbeuses de pleine terre, lis, jonquilles, narcisses, doivent recevoir l'engrais n° 2 dès la fin de l'hiver, à la dose de 80 à 100 grammes par mètre carré.

Ainsi, avec le concours de l'eau, de la chaleur et de la lumière, l'azote, l'acide phosphorique, la potasse et la chaux qui déterminent les grandes productions agricoles, sont toujours les seuls agents qui règlent l'essor des végétaux d'agrément.

TABLE DES MATIÈRES

APPENDICE.

Paris. — Typ. G. Chamerot, 19, rue des Saints-Pères. — 14541.